中华人民共和国行业标准

生活垃圾焚烧厂运行维护与安全
技 术 标 准

Technical standard for operation maintenance and safety
of municipal solid waste incineration plants

CJJ 128 - 2017

批准部门：中华人民共和国住房和城乡建设部
施行日期：２０１８年２月１日

中国建筑工业出版社

2017 北京

中华人民共和国行业标准

生活垃圾焚烧厂运行维护与安全技术标准

Technical standard for operation maintenance and safety
of municipal solid waste incineration plants

CJJ 128 - 2017

*

中国建筑工业出版社出版、发行（北京海淀三里河路 9 号）

各地新华书店、建筑书店经销

北京红光制版公司制版

廊坊市海涛印刷有限公司印刷

*

开本：850×1168 毫米　1/32　印张：6⅛　字数：163 千字
2017 年 12 月第一版　　2017 年 12 月第一次印刷

定价：**43.00 元**

统一书号：15112 · 30173

本社网址：http://www.cabp.com.cn
网上书店：http://www.china-building.com.cn

中华人民共和国住房和城乡建设部
公　告

第 1649 号

住房城乡建设部关于发布行业标准
《生活垃圾焚烧厂运行维护与
安全技术标准》的公告

现批准《生活垃圾焚烧厂运行维护与安全技术标准》为行业标准，编号为 CJJ 128－2017，自 2018 年 2 月 1 日起实施。其中，第 3.0.2、3.0.3、4.1.10、4.2.3、5.1.5、13.1.2、15.2.5、16.1.1 条为强制性条文，必须严格执行。原《生活垃圾焚烧厂运行维护与安全技术规程》CJJ 128－2009 同时废止。

本标准在住房城乡建设部门户网站（www.mohurd.gov.cn）公开，并由我部标准定额研究所组织中国建筑工业出版社出版发行。

中华人民共和国住房和城乡建设部
2017 年 8 月 23 日

前　言

根据住房和城乡建设部《关于印发 2012 年工程建设标准规范制订、修订计划的通知》（建标〔2012〕5 号）的要求，标准编制组经广泛调查研究，认真总结实践经验，参考有关国际标准和国外先进标准，并在广泛征求意见的基础上，修订了本标准。

本标准的主要技术内容是：1. 总则；2. 术语；3. 基本规定；4. 垃圾接收及预处理系统；5. 炉排型垃圾焚烧炉及余热锅炉系统；6. 流化床垃圾焚烧锅炉系统；7. 烟气净化系统；8. 汽轮发电机及其辅助系统；9. 电气系统；10. 热工仪表与自动化系统；11. 化学监督与金属监督；12. 公用系统及建（构）筑物的维护保养；13. 炉渣收集与输送系统；14. 飞灰处理系统；15. 渗沥液处理系统；16. 安全、环境与职业健康。

本标准修订的主要技术内容是：1. 完善了总则一章的相关内容；2. 增加了术语一章；3. 将原一般规定一章变更为基本规定并完善了有关内容；4. 补充了垃圾运输通道、安全卸料、垃圾预处理的相关要求；5. 增加了炉排型焚烧炉及余热锅炉、汽轮机启停等的关键性操作、主要运行参数调整以及主要设备维护保养等内容；6. 增加了流化床垃圾焚烧锅炉系统一章；7. 完善了烟气净化系统的相关内容；8. 完善了电气系统、热工仪表与自动化系统的相关内容；9. 完善了化学监督和公用系统的有关内容；10. 将原残渣收运系统拆分为炉渣收集与输送系统和飞灰处理系统两章，并对内容进行了完善；11. 增加了渗沥液处理系统一章；12. 将原劳动安全卫生防疫与消防一章变更为安全、环境与职业健康，并完善了有关内容。

本标准中以黑体字标志的条文为强制性条文，必须严格执行。

本标准由住房和城乡建设部负责管理和对强制性条文的解释，由重庆三峰环境产业集团有限公司负责具体技术内容的解释。执行过程中如有意见或建议，请寄送重庆三峰环境产业集团有限公司（地址：重庆市大渡口区建桥工业园 A 区建桥大道 3 号；邮政编码：400084）。

本 标 准 主 编 单 位：重庆三峰环境产业集团有限公司
深圳市市政环卫综合处理厂

本 标 准 参 编 单 位：深圳市能源环保有限公司
光大环保（中国）有限公司
中国环境保护集团有限公司
上海浦东环保发展有限公司
上海环境集团有限公司
中国天楹股份有限公司
创冠环保（中国）有限公司
天津泰达环保有限公司
上海康恒环境股份有限公司
浙江大学
杭州锦江集团有限公司

本标准主要起草人员：龚伯勋　刘思明　江　勇　曹学义
蒋大春　吴太军　董文明　李文旭
韩学成　李祖伟　雷钦平　曾贤琼
郑雪艳　李倬舸　白贤祥　王元珞
李晓东　郭祥信　王武忠　方朝军
张　正　王志国　王　鹏　唐　侠
刘彦博　吴崇禄　黄文雄　黄伟立
杨　毅　张宝珍　司景忠　丁堂文
郑昆明　王佳洪　裴建明　钟　智
石拥军　孙　勇　李自明　刘明刚
安　淼　吴永新　梅高兵　张健（女）
张德来　李　伟　李　娟　焦学军

5

	周洪权	谈留平	姜志红	季　炜
	张健(男)	叶　荣	孙晓军	欧青松
	姚　峰	周永强	石　鹏	
本标准主要审查人员：	白良成	聂永丰	徐海云	王　琪
	肖　文	秦　峰	吴　凯	吴　晓
	刘海威	姜鸿安	陈景波	

目　次

Contents

1 总　则

1.0.1　为加强生活垃圾焚烧厂（以下简称"焚烧厂"）的管理，规范运行作业，保障垃圾焚烧设施的安全、连续、稳定运行，达到规范焚烧、保证安全、节能减排、科学管理的目的，制定本标准。

1.0.2　本标准适用于采用炉排型和流化床型焚烧炉处理垃圾的焚烧厂的运行、维护与安全管理。

1.0.3　焚烧厂应将垃圾焚烧处理作为首要任务，每条焚烧线年累计运行时间不应小于8000h，炉渣热灼减率不应大于5%。

1.0.4　焚烧厂应确保安全运行，各项污染物排放指标应符合现行国家标准《生活垃圾焚烧污染控制标准》GB 18485 的规定和地方政府对焚烧厂的环境保护要求。

1.0.5　焚烧厂的运行、维护与安全管理除应符合本标准外，尚应符合国家现行有关标准的规定。

2 术 语

2.0.1 进厂垃圾 waste received

进入焚烧厂的垃圾。

2.0.2 入炉垃圾 waste burned

进入垃圾焚烧炉进行焚烧处理的垃圾。

2.0.3 两票三制 two tickets and three rules

工作票、操作票，以及交接班制、巡回检查制、设备定期试验切换制的统称。

2.0.4 工作票 work ticket

准许在焚烧厂设备（系统）上进行相关检修并保障安全的书面命令，通过明确工作内容、范围、地点、时限、安全措施及相关责任人等，保证设备（系统）、人员及相关检修工作安全完成。

2.0.5 操作票 operation ticket

焚烧厂进行相关设备（系统）操作时明确操作任务及步骤、指示运行人员应严格按书面步骤内容及顺序进行操作且执行时运行人员应随时携带的书面命令。

2.0.6 交接班 hand over and take over

交班人和接班人对工作任务进行移交。

2.0.7 巡检 on site inspection

为保证各设备的安全运行，随时掌握设备运行情况，运行人员必须按规定时间、内容及线路对设备进行的检查。

2.0.8 定期试验 periodic test

运行设备或备用设备进行动态或静态启动、传动，以检测运行或备用设备的健康水平。

2.0.9 定期切换 regular rotation

将运行设备与备用设备进行倒换运行的方式。

2.0.10 炉排型垃圾焚烧炉 grate type incinerator
采用炉排形式焚烧垃圾的焚烧炉。

2.0.11 流化床垃圾焚烧炉 fluidized bed type incinerator
采用流化床形式焚烧垃圾的焚烧炉。

2.0.12 余热锅炉 heat recovery boiler
利用垃圾焚烧产生烟气的热量，加热给水以获得规定参数（温度、压力）蒸汽的热力设备。

2.0.13 冷态启动 cold starting
垃圾焚烧炉及余热锅炉在环境温度状态下，或汽轮机调节级金属温度在150℃以下时，按启动曲线启动的过程。

2.0.14 热态启动 hot starting
垃圾焚烧炉及余热锅炉具有一定过热蒸汽温度和压力状态下，或汽轮机停机时间在12h以内，调节级上汽缸壁温不低于300℃，下汽缸壁温不低于250℃时，利用锅炉的蓄热量快速启动过程。

2.0.15 炉膛主控温度 key control temperature
炉膛内烟气温度大于等于850℃、持续时间2s以上的运行监控温度。

2.0.16 主燃烧器 primary burner
用于焚烧炉启炉和停炉时对炉膛进行加热的装置。

2.0.17 辅助燃烧器 auxiliary burner
用于启炉时对炉排上的垃圾进行点火和运行时维持炉膛主控温度的装置。

2.0.18 厂级环境监督 plant supervision
焚烧厂自身对各项污染物排放进行的环境监督管理过程。

3 基本规定

3.0.1 焚烧厂运行、维护应符合下列规定：

  1 应制定运行、维护与安全管理制度；

  2 应合理配置运行、维护组织机构和人员；

  3 应每年结合年度生产、检修计划，制定运行、维护计划；

  4 应定期召开运行、维护生产例会，及时了解和掌握安全生产情况；

  5 运行、维护人员应具备必要知识和业务技能，熟悉焚烧厂垃圾焚烧的生产要求和技术指标，掌握本岗位运行、维护技术要求和操作规程。

3.0.2 焚烧厂运行、维护人员必须进行上岗前培训和在岗培训。运行班组人员配置应专业齐全，并在运行前全部到岗。

3.0.3 焚烧厂必须严格执行两票三制。

3.0.4 两票格式宜符合本标准附录 A 和附录 B 的规定。

3.0.5 焚烧厂应加强运行分析，并应符合下列规定：

  1 应建立运行分析管理制度；

  2 运行分析宜包括全厂综合分析、全厂运行分析、必要的事故及隐患分析、专题分析等；

  3 运行分析应包括下列内容：

    1）生产运行主要参数；

    2）技术经济指标；

    3）污染物排放指标；

    4）两票三制执行情况；

    5）操作规程执行情况；

    6）设备状况及缺陷，点检切换，定期试验；

    7）运行监控状况；

8）安全隐患分析及防治措施。

3.0.6 焚烧厂运行、维护记录应符合下列规定：

    1 应建立运行、维护记录的管理制度；

    2 宜通过计算机控制系统和信息化管理系统，真实、客观记录全厂设备、设施、工艺及生产运行参数，并应记录化验结果、材料消耗、材料库存、备品备件等记录；

    3 应做好交接班记录；

    4 应建立设备维护台账，做好设备维护和缺陷记录；

    5 应按照有关要求，做好各项统计报表；

    6 运行、维护记录应翔实清晰，长期保存。

3.0.7 焚烧厂资料管理应符合下列规定：

    1 应建立资料管理制度；

    2 应妥善、长期保存焚烧厂建设过程中的各项资料及竣工验收资料；

    3 应妥善保存所有的管理制度及运行规程；

    4 在运行中形成的具有保存价值的数据、资料均应收集、整理、归档。

3.0.8 焚烧厂应建立设备台账管理制度，及时更新、准确反应设备情况。

3.0.9 焚烧厂设备台账至少应包含：设备型号规格、设备使用状态、设备维护记录、更新改造记录、设备检修记录、备品备件等。

3.0.10 焚烧厂应建立设备维护保养制度，实施日常保养和一级保养。

3.0.11 焚烧厂应建立设备缺陷管理制度，实施一般缺陷管理、重要缺陷管理与紧急缺陷管理。

3.0.12 焚烧厂应全面贯彻现行国家标准《质量管理体系　要求》GB/T 19001、《环境管理体系　要求及使用指南》GB/T 24001、《职业健康安全管理体系　要求》GB/T 28001，在竣工环保验收通过后三年内，焚烧厂宜获得质量、环境和职业健康安全等相关管理体系的认证。

3.0.13 焚烧厂应按本标准的要求和各自的设备技术参数编制本厂各项操作规程。

4 垃圾接收及预处理系统

4.1 垃圾接收系统运行

4.1.1 垃圾接收系统宜由汽车衡、垃圾运输道路、垃圾接收大厅、垃圾池、垃圾抓斗起重机、渗沥液收集系统等组成，主要实现进厂垃圾计量、运输、卸料、储存，入炉垃圾计量、投料，渗沥液收集和防止恶臭外泄的功能。

4.1.2 进厂垃圾计量管理应符合下列规定：

    1 进厂垃圾应称重，进厂垃圾量、运输车辆信息等应记录、统计、存档，储存在计量管理系统中；

    2 垃圾运输车在称重过程中应低于限定速度，匀速通过汽车衡；

    3 原则上宜仅接收环卫系统收集的生活垃圾和政府指定的垃圾；

    4 垃圾计量数据在焚烧厂运行周期内应长期保存。

4.1.3 垃圾运输道路管理应符合下列规定：

    1 垃圾运输车入厂后应按指定垃圾运输路线行驶；

    2 垃圾运输道路应保持安全、畅通，交通标志应符合现行国家标准《安全色》GB 2893 和《安全标志及其使用导则》GB 2894 的有关规定；

    3 垃圾运输道路应全天保洁，每天至少应冲洗一次；

    4 应监督垃圾运输车的车容车貌，防止垃圾扬撒、污水滴漏、恶臭扩散等二次污染。

4.1.4 卸料应符合下列规定：

    1 垃圾运输车进入卸料区内，应遵从指示信号或现场人员的指挥，防止垃圾车落入垃圾池；

    2 应每天检查卸料门、卸料防撞、防坠落、防滑、防火等设施，以及指示灯、警示牌、事故照明灯等，确保其状态良好、工作正常；

3 卸料区应有必要的卫生防疫措施；

4 垃圾车卸料后应及时关闭卸料门。

4.1.5 垃圾运输车卸料时严禁越过限位装置。

4.1.6 严禁将带有火种的垃圾和危险废物卸入垃圾池。

4.1.7 垃圾储存应符合下列规定：

1 应监控分析垃圾储存量，保持在合理范围内；

2 应及时转移垃圾池内卸料门前的垃圾；

3 垃圾池内的新老垃圾应分开堆放，对进料、堆酵进行动态管理，以提高入炉垃圾的均匀性和低位热值；

4 应保持垃圾池处于负压状态；

5 运行人员进入垃圾池和附属构筑物作业前，应进行有害气体检测，检测合格并采取安全措施后，方能进入。

4.1.8 垃圾投料应符合下列规定：

1 垃圾抓斗起重机司机应服从中控室生产指令，均匀供料。防止碰撞、惯冲、切换过快、泡水、侧翻等事故发生。如发现不能焚烧的垃圾，应将其抓至暂存区内。

2 垃圾抓斗起重机应合理分配工作量，严禁超负荷运行。

3 应对入炉垃圾进行计量、记录，自动计量装置应保持完好，并应按计量衡的有关规定定期校验。

4 应保持垃圾抓斗起重机操作室通风良好，与垃圾池密闭隔离；观察窗应保持清洁，透视良好。

4.1.9 检修期间，除臭系统应正常投入使用。

4.1.10 通风防爆设施必须保持运行正常，应每班巡检，并应保证监测报警装置运行正常；渗沥液收集设施有限空间甲烷浓度必须小于1%。

4.1.11 渗沥液收集管理应符合下列规定：

1 应监控垃圾池内渗沥液的积聚状况，及时输排；

2 应采取措施避免垃圾渗沥液排泄口堵塞；

3 应监控渗沥液收集池的液位，及时将渗沥液输送至渗沥液处理系统。

4.2 垃圾接收系统维护保养

4.2.1 汽车衡维护保养应符合下列规定：

1 应按国家和行业的有关规定编制维护保养规程；

2 应按计量管理部门要求每年进行不少于一次校验；

3 汽车衡台面应与四周保持合理间隙，并保持整洁；

4 汽车衡的防雷接地应完好，接地电阻应符合国家现行相关标准的规定；

5 汽车衡限速标志应清晰，减速带应完好；

6 北方冬季应采取防结冰防滑措施。

4.2.2 垃圾卸料大厅及卸料门维护保养应符合下列规定：

1 应及时修复破损地面、墙面或损坏的设施；

2 应及时修复损坏、堵塞的排水设施；

3 应定期巡检卸料门，检查驱动和传动机构，保证结构牢固、传动灵活、运行可靠；对垃圾卸料门主体材料应进行防腐检查及处理；应检查电动和自控装置，保证卸料门启闭正常；应检查垃圾卸料门密封状态；

4 应定期巡检卸料平台安全防护设施、照明、信号指示灯。

4.2.3 垃圾抓斗起重机必须经地方特种设备监督部门监测合格，并应在许可的有效期内使用。

4.2.4 垃圾抓斗起重机应符合下列规定：

1 起重机构的维护保养应符合下列规定：

    1）起重变频电机应保持清洁，不允许水滴、油污及杂物进入电机内部。并应定期检查轴承并补充润滑脂。检查时应注意电机的温度、气味、振动和噪声，当轴承温度超过95℃或闻到焦味、发现不正常的振动、其他杂音时，应立即停机检查。

    2）起重减速器各连接件、紧固件不得松动，油位不得低于下限，不得有漏油现象。

3）起重制动器的制动瓦应正确地贴合在制动轮上，其实际接触面积不应小于理论接触面积的50％。制动系统各部件应动作准确灵活，及时更换不合格的部件。

2　钢丝绳和抓斗的维护与保养应符合下列规定：

1）应对钢丝绳进行日常、定期与专项检验，巡检时应检查钢丝绳的表面磨损、腐蚀，以及变形、扭结、断丝等情况，并应按现行国家标准《起重机　钢丝绳　保养、维护、检验和报废》GB/T 5972有关规定进行保养，达到报废条件时必须及时予以报废；

2）定期检查抓斗系统油压和润滑脂。

3　应每个季度检查称量装置（载荷限制器）的传感器和报警点变化情况，发现问题及时调整。

4　大、小车运行机构的维护与保养应符合下列规定：

1）应保持车轮轴承润滑或免润滑状态良好，轴承温度和噪声应处于正常状态，如有缺陷，应立即更换轴承；

2）应定期检查"三合一"减速器的制动间隙，不得自行调整其制动力矩。

5　金属结构的维护与保养应符合下列规定：

1）应经常检查起重机和小车运行轨道的压板，不得产生松动现象；

2）应每年一次全面检查起重机桥架及其主要构件，检查所有连接螺栓、焊缝和主梁挠度。

6　应定期检查限位开关的位置与灵活性。

7　大小车移动电缆及电缆跑车的维护与保养应符合下列规定：

1）应检查移动电缆是否与墙壁、起重机有摩擦；

2）应检查电缆跑车是否变形损坏，其轮子及螺丝是否松动、脱落；

3）应检查大小车行走时，电缆是否有受力现象。

4.2.5 应定期巡检垃圾接收系统照明、消防、通风、除臭、防疫、监测等设施。

4.2.6 消防设施维护保养应符合下列规定：

    1 应定期巡检全厂消防设施；

    2 消防水炮应在使用压力范围内使用；

    3 应经常检查消防设施完好性，发现紧固件松动应及时修理，使消防水炮处于良好的使用状态；

    4 消防水炮转动部位应经常加润滑剂，以保证转动灵活。

4.3 垃圾预处理系统运行

4.3.1 垃圾预处理系统适用于流化床型焚烧厂，采用其他焚烧技术焚烧厂可根据需要参考执行。

4.3.2 垃圾预处理系统宜由破碎机系统、磁选系统、皮带输送系统等组成，必要时可增设其他垃圾预处理设备和工艺。

4.3.3 垃圾预处理系统应符合下列规定：

    1 应配置新风系统和空气净化除臭装置，保证预处理操作人员的工作环境；

    2 分选线工作区域应有良好的通风换气设施，分选工作人员（如有）必须配备相应的劳动防护用品。

4.3.4 垃圾破碎机运行应符合下列规定：

    1 垃圾破碎机启动运行前应进行全面检查，控制系统、液压系统、散热系统、轴承、动静刀头等应能正常运行；

    2 垃圾破碎机运行前应保证转动程序设置正确；启动后空转2min～3min后开始投料；

    3 垃圾破碎机投料抓斗应缓慢分批次张开，防止一次投放全部物料以避免堵塞或架桥；料斗内垃圾宜充实，以提高破碎效率及质量；

    4 垃圾破碎机故障灯点亮应立刻停止投料，检查排除相应故障才可继续投料；

    5 运行中应定期检查液压马达、电机声音是否正常，并应观察液压油温、压力、润滑周期是否正常，液压油管路是否有漏油现象；

　　6 停机时应保证破碎机内无残存垃圾，在自动运行模式下自动停止设备，并应将电源开关旋转至锁定位置，锁定设备。

4.3.5 磁选系统宜由磁选机组件、机架组件、皮带输送机组件、托辊组件、减速电机及滚筒组件等组成。

4.3.6 磁选机运行应符合下列规定：

　　1 维护、维修、更换磁选机元器件之前，必须切断电源；

　　2 严禁吸铁后强行启动卸铁皮带卸铁，严禁站在除铁器正下方清理铁器等杂物；

　　3 磁选机设备超温达10℃时，设备应自动切断电源，除铁器停止工作后，当温度自然冷却后方可再次使用。

4.3.7 皮带输送机运行应符合下列规定：

　　1 皮带输送机运行前应检查并保证设备各紧固件紧固；

　　2 皮带输送机应无掉辊现象，确保其状态良好；

　　3 在确定无异常情况时，方可进行负荷运转；

　　4 当皮带输送机运行中出现非正常状况时应立即停机处理。

4.4 垃圾预处理系统维护保养

4.4.1 破碎机系统维护保养应符合下列规定：

　　1 垃圾破碎机部件保养应坚持以"清洁、润滑、调整、紧固、防腐"为主要内容的作业法，严格按使用说明书规定的周期及检查保养项目进行；

　　2 设备应由经过培训的操作人员进行操作，在维护过程中不应启动设备；

　　3 破碎机宜根据检查内容和检查时间间隔要求进行不同等级保养。

4.4.2 磁选系统维护保养应符合下列规定：

　　1 应定期清除磁选机上堆积的尘埃，并应巡检磁选机附近有无异味；

2 应在确认设备无故障后方可通电工作；

3 应定期对电气系统除尘并保持其环境干燥；

4 应定期检查接线端子处配线有无过热变色痕迹或损伤，确认配线符号标记等不得脱落；

5 应及时修复表面胶皮磨损或裂痕的皮带，并应对皮带链轮、链条定期巡检，及时更换严重磨损的链轮、链条和滚筒、托辊转动轴承。

4.4.3 皮带输送系统维护保养应符合下列规定：

1 应定期清除皮带内侧污物，异物等，确保皮带摩擦可靠；

2 应每日检查传动滚筒电机是否运行异常；

3 应每日检查输送皮带是否松动、是否拉长等现象并及时调整；

4 应每月检查主、副滚筒转动是否灵活，并应及时修理；

5 应每月检查传动轧辊与皮带的配合度，并应及时调整，及给转动机构添加润滑油。

5 炉排型垃圾焚烧炉及余热锅炉系统

5.1 运 行

5.1.1 炉排型垃圾焚烧炉及余热锅炉系统宜由炉排型垃圾焚烧炉、余热锅炉、一次风系统、二次风系统、辅助燃烧系统、给水系统、主蒸汽系统等组成。主要实现的功能宜为焚烧生活垃圾，将垃圾焚烧产生的热能转换为一定压力温度下的蒸汽热能。

5.1.2 经检修后的炉排型垃圾焚烧炉及余热锅炉系统必须进行检查和试验，合格后方能投入运行。

5.1.3 炉排型垃圾焚烧炉及余热锅炉冷态启动前的质量检查和准备应符合下列规定：

　　1 应重点检查炉排及液压系统、推料器、除渣机、燃烧器、燃烧室及烟道、清灰装置、转动机械、汽水管道及辅助燃料管道、压力容器、阀门、风门、挡板、汽包水位计、压力表、安全阀、承压部件的膨胀指示器、现场照明、计算机系统等。

　　2 试验内容应包括水压试验、安全阀校验、冲洗过热器、转动机械试运行、漏风试验、余热锅炉水位保护试验、压力保护试验、汽温保护试验、炉膛负压保护试验、液压系统保护试验、MFT 保护试验等。

　　3 余热锅炉的安全附件应按《锅炉安全技术监察规程》TSG G0001 的有关规定进行检验。

　　4 应检查所有阀门并置于正确的状态；所有风门、挡板开关灵活，无卡涩现象，开度指示正确，就地控制、遥控传动装置良好，确保所有风门置于正确的状态。

　　5 炉排型垃圾焚烧炉及余热锅炉点火前应进行全面检查，并应重点检查下列内容：

　　　1）炉膛无焦渣和杂物、炉墙完整，二次风口完好无堵塞；

2）水冷壁管、蒸发器管、过热器管、省煤器管、空气预热器管表面清洁、各烟道、炉排下灰斗、对流受热面下灰斗、反应塔灰斗和除尘器灰斗内无积灰；

3）确认垃圾进料通道、推料器、炉排、燃烧器、输灰设备、除渣机可用；

4）炉膛、蒸发器、过热器、省煤器、空气预热器等各处人孔门、防爆门等完整、关闭严密；

5）除渣机加水到其所需的水位，确认无泄漏；

6）确认液压系统正常，启动油加热系统和冷却水系统，启动过滤器差压、油压和油温到自动模式；

7）汽包、过热器各安全阀完好，无杂物卡住，压缩空气系统严密完整可用；

8）辅助燃烧系统状况处于可用状态；

9）清灰装置冷态试转应动作灵活，工作位置正确，程序操作正常；

10）汽包水位计清晰，正常水位线与高低水位线标志正确；

11）汽、水、油各管道的支吊架完整，锅炉本体刚性良好；

12）高温高压设备设施应保温完整良好，保温不全时不得启动；

13）露天设置的电动机防雨罩壳齐全；

14）操作平台、楼梯、设备上无杂物和垃圾，脚手架已拆除，各通道畅通无阻，现场整齐清洁，照明（包括事故照明）良好；

15）炉内确已无人停留。

6 应检查所有工艺设备，包含但不限于垃圾抓斗起重机、各类水泵风机、反应塔、除尘器等，确认其处于可用状态。

7 应检查所有系统，包含但不限于各蒸汽系统、各水系统、各风系统、液压系统、辅助燃料系统、锅炉加药系统、脱硝系统、烟气净化处理系统、除渣系统、飞灰处理系统、石灰浆液制备系统、活性炭输送系统、压缩空气系统、厂内电气系统、仪控系统、计算机系统、应急电源等，确认其处于可用状态。

8 应确认物料准备齐全，包括但不限于生产生活用水、辅助燃料、加药系统耗品、除盐水系统耗品，以及脱硝系统耗品、脱酸系统耗品、活性炭以及其他生产所需物料。

9 余热锅炉给水水质应符合现行国家标准《火力发电机组及蒸汽动力设备水汽质量》GB/T 12145 的有关规定。

10 余热锅炉启动前巡检完毕后，可经省煤器向余热锅炉注入合格的除盐水。

11 在给水管和省煤器的空气门冒水时，应将空气门关闭。

12 在上水的过程中，应巡检汽包、联箱的孔门及各部的阀门、法兰、堵头等是否有漏水现象。当发现漏水时，应停止上水，并进行处理。

13 当余热锅炉水位升至汽包水位计的－100mm 处时应停止上水。此后，水位应不变。若水位有明显变化，应查明原因并予以消除。

14 应启动余热锅炉疏水冷却水系统。

15 应启动辅助燃料系统，检查各燃烧器处于可用状态。

16 应启动液压系统。

17 应启动余热锅炉的灰输送机、炉排下灰输送机、除渣机、炉渣输送设备。

18 应投入压缩空气系统。

5.1.4 炉排型垃圾焚烧炉及余热锅炉冷态启动的原则程序应符合下列规定：

1 启炉操作程序应符合下列规定：

  1) 应依次开启引风机、一次风机，并在其最低速度运行，维持炉膛负压至规定要求；

  2) 应按有关技术要求对炉膛进行吹扫；

  3) 应开启二次风机，并在其最低速度运行，调整一、二次风压，使炉膛负压至技术提供方规定数值；

　　4）应依次开启冷却风机和密封风机。

2　焚烧炉升温操作程序应符合下列规定：

　　1）应开启主燃烧器，控制燃烧器的负荷和数量，若主燃烧器点火失败，应对炉膛进行吹扫5min（或按锅炉制造商规定）后方可再次点火；

　　2）炉膛升温过程应遵循供货方提供的升温曲线要求。

3　投垃圾程序应符合下列规定：

　　1）应保证烟气处理设施、设备投入使用并能正常运行；

　　2）当炉膛主控温度达到850℃以上时，方可投放垃圾，并应将垃圾推到炉排上，在炉排上部铺满垃圾层；

　　3）应开启辅助燃烧器，完成垃圾的点火；

　　4）应观察炉排上垃圾着火和燃烧情况，逐步增加垃圾量，通过操作给料器调整炉排上火焰位置和料层厚度；

　　5）当炉排尾部出现炉渣时，应调节料层挡板以维持料层厚度。

4　助燃条件下垃圾焚烧的运行应符合下列规定：

　　1）应逐步增加垃圾量，直至达到额定垃圾处理量，逐渐减少燃烧器负荷直至退出，在此期间应确保炉膛主控温度大于或等于850℃；

　　2）在增加垃圾量的同时应调整引风机和一、二次风机风量，确保维持炉膛负压和余热锅炉出口含氧量至规定值。

5　燃烧器完全退出后，无助燃垃圾焚烧的运行应符合下列规定：

　　1）当垃圾量增加到额定垃圾处理量时，垃圾焚烧完全取代了辅助燃料，应关闭燃烧器，确保炉膛主控温度大于或等于850℃；

　　2）如果垃圾热值太低，额定垃圾处理量下炉膛主控温度预计低于850℃时，辅助燃烧器则应自动开启，确保炉膛主控温度大于或等于 850℃；

3）应观察炉排上垃圾燃烧情况，调整引风机和一、二次风机风量，确保炉膛负压和余热锅炉出口氧含量至规定值；

4）应观察炉排上垃圾火焰位置和料层厚度，观察除渣情况，调整炉排运动速度，确保炉渣热灼减率达到规定值。

6　在炉膛升温的同时，余热锅炉升温升压的运行应符合下列规定：

1）应按照锅炉厂提供的升压曲线进行升压操作；

2）在压力上升期间，应开启省煤器与汽包之间的再循环阀，定期巡检省煤器出口水温，避免达到饱和温度，锅炉正常进水时，应关闭再循环阀；

3）应保持各承压部件受热均衡，巡视各承压部件的膨胀情况；

4）应开启过热器疏水阀、对空排汽阀、并汽阀前所有疏水阀，避免过热器超温；

5）当锅炉升压至规定要求时，应关闭过热器疏水阀，热紧法兰螺栓，依次对锅炉下联箱进行排污，使锅炉各受热面和下联箱受热均匀，排出沉淀物，排污过程中要密切观察汽包水位；

6）当汽包（汽轮机抽汽）压力达到设定值，供风量达到规定要求时，应启动蒸汽-空气加热器；

7）当锅炉蒸汽流量达到额定负荷的 10%，且高温过热器出口蒸汽温度达到设定值时，减温水系统应自动投入运行；

8）清洗水位计，监视汽包水位，维持水位正常；

9）当汽包压力达到工作压力的 50% 以上时，应对余热锅炉系统进行全面巡检，如发现不正常现象，应停止升压，待故障消除后，再继续升压；

10）当锅炉达到 60％额定负荷时，宜启动锅炉给水控制
回路，控制排烟温度至规定值；

11）在余热锅炉并汽前，应对安全阀进行调整和试验，确
保安全阀动作准确可靠；

12）在余热锅炉升压的同时，当蒸汽可用后，应进行蒸汽
管道暖管；

13）并汽前，汽水品质应经取样化验合格；

14）当余热锅炉具备并汽条件时，方可并汽；

15）并汽后，应对余热锅炉机组进行一次全面巡检。

5.1.5 必须对运行中的炉排型垃圾焚烧炉和余热锅炉进行严格
监控，确保安全。

5.1.6 炉排型垃圾焚烧炉及余热锅炉运行中的监视、调整和故
障处理应符合下列规定：

    1 垃圾焚烧运行调整的要求应为：炉膛负压应保持
－100Pa～－50Pa，炉膛主控温度大于 850℃，炉渣热灼减率小
于 5％，一氧化碳含量日均值小于或等于 80mg/Nm³，余热锅炉
出口氧含量符合要求。其燃烧的监视、调整和故障处理应符合下
列规定：

    1）应监控垃圾进料口的料位情况，避免发生料斗架空或
滑料等不良工况，确保密封；

    2）应确保炉膛主控温度大于或等于 850℃，如达不到要
求，应自动投入辅助燃烧器；

    3）应根据垃圾特性、焚烧工况调整一、二次风温度、风
压、风量配比，确保炉膛负压为规定值，确保余热锅
炉出口氧含量符合要求；

    4）应根据垃圾特性，通过观察燃烧情况调整给料行程、
炉排速度、炉排上垃圾火焰位置、料层厚度和料层横
向均匀性，防止炉床干燥区过长、横向不均匀、穿孔、
沟流、炉渣烧结、燃烬区与落渣口距离不当等不良工
况发生；

5）炉排机械负荷和热负荷应控制在设备设计范围内，给料量相对稳定，保持合理的料层厚度；

6）应全面巡视、监控炉排型垃圾焚烧炉各系统设备的运行工况，及时处理不良工况，确保正常；

7）应监控除渣机的除渣情况，避免发生落渣井、除渣机堵塞、缺水等不良工况；

8）应监控液压系统的运行情况；

9）当各部烟气温度升高，炉膛负压减小，引风机前负压增大，发生余热锅炉结焦时，应适当增加过剩空气量，及时清除焦渣，防止结成大块，适当降低单位时间垃圾焚烧量，必要时应停炉；

10）当炉排卡涩或液压系统故障时，应及时采取措施进行处理；

11）当焚烧炉外墙温度升高，炉内耐火材料损坏，应降低锅炉蒸发量，适当增加过剩空气系数，必要时应停炉。

2 余热锅炉运行调整的任务应为：保持过热器出口蒸汽温度和压力达到额定值，保证饱和蒸汽和过热蒸汽的品质合格，保持汽包水位正常，保持蒸发量平稳，保持排烟温度至规定值。

3 余热锅炉水位的监视、调整和故障处理应符合下列规定：

1）应维持汽包水位在允许的范围内；当余热锅炉蒸汽压力及给水压力正常，汽包水位超过正常水位时，应在判断不属于虚假水位时减少给水，开启事故放水门或排污门，开启过热器和蒸汽管道疏水门，必要时应立即停炉，关闭主汽门、停止给水；

2）当余热锅炉汽压及给水压力正常，汽包水位低于正常水位时，应增加给水，关闭所有排污门和放水门，降低蒸发量，检查承压部件是否损坏，必要时应停炉，关闭主汽门，继续向锅炉上水；

3）给水应根据汽包水位计的指示进行调整；当给水自动

装置投入运行时，应密切监视汽包水位的变化，保持给水流量变化均衡；

4）应确保远程水位计与汽包水位计的数据一致；

5）当汽包水位不明，无法判断汽包水位时，应立即停炉，并停止上水；

6）当汽包水位计损坏时，应及时更换损坏的水位计，当全部汽包水位计损坏时，应立即停炉；

7）发生汽水共腾时，应适当降低锅炉蒸发量，并保持稳定，开启排污门和事故放水门，停止加药，开启过热器和蒸汽管道疏水门，适当给水，确保汽水共腾时的汽包水位比正常水位略低，取样化验，采取措施改善炉水质量。

4 过热蒸汽压力、过热蒸汽温度和给水压力的监视、调整和故障处理应符合下列规定：

1）应根据垃圾量和垃圾热值情况，相应调整炉排型垃圾焚烧炉的蒸发量。保持正常的蒸汽压力和温度，保证蒸汽的品质合格；

2）必须监视和控制过热蒸汽压力，中压锅炉过热蒸汽压力允许变化范围应为±0.05MPa，当锅炉压力变化时，应相应调整锅炉蒸发量和焚烧工况，保持过热蒸汽压力稳定；

3）必须监视和控制过热蒸汽温度，中压锅炉过热蒸汽汽温的允许变化范围应为+5℃～-10℃，当锅炉汽温变化时，应相应调整减温水量和焚烧工况，保持过热蒸汽温度稳定，当蒸汽温度剧烈波动时，应调整减温水量和蒸发量，必要时应停炉；

4）运行中应经常监视给水压力，如有异常，及时调整。

5 余热锅炉必须确保连续排污和定期排污正常，并根据汽水化验结果调整排污量。排污时应加强对汽包水位的监视和调整，保持汽包水位稳定，遇下列情况，应立即停止排污：

1）汽压或给水压力急剧下降；

2）汽包水位低于正常水位；

3）排污系统发生水冲击时；

4）排污系统泄漏，大量汽水喷出，可能造成人身设备事故时。

6　受热面清灰应符合下列规定：

1）余热锅炉受热面在运行中必须定期清灰；清灰的时间和次数应根据设备结构、清灰方式和运行情况在焚烧厂操作规程中做出规定；

2）清灰前，应适当提高炉膛负压，保持燃烧稳定；清灰时，禁止打开检查孔观察燃烧情况；

3）根据烟气流程轮流清灰，应避免同一台锅炉同时使用两台或更多的清灰器。

7　运行中出现下列情况，应立即停炉：

1）锅炉严重满水，汽包水位超过水位计上部可见水位；

2）锅炉严重缺水，汽包水位在水位计中消失；

3）压缩空气压力达最低值；

4）引风机停止运行；

5）一次风机停止运行；

6）所有汽包水位计损坏或失灵；

7）锅炉汽水管道爆破、威胁人身及设备安全时；

8）锅炉助燃管道爆破或着火，威胁人身及设备安全时；

9）炉墙发生严重裂缝有倒塌危险或锅炉钢架烧红时；

10）所有给水泵故障，无法正常运行；

11）过热蒸汽压力或温度高高报警；

12）厂用电中断或 DCS 故障，短期内无法恢复；

13）液压系统故障，无法立即恢复；

14）炉排故障停运，短期无法恢复；

15）在启动阶段燃烧器停运。

8　焚烧炉及余热锅炉正常运行时，应确保钢结构、管系等非承压部件的膨胀处于正常状态。

5.1.7 炉排型垃圾焚烧炉停炉前的准备应符合下列规定：

　　1 停炉前，应对炉排型垃圾焚烧炉进行一次全面巡检，记录缺陷，以便检修时处理；

　　2 停炉前，应进行一次彻底的清灰。

5.1.8 炉排型垃圾焚烧炉停炉原则程序应符合下列规定：

　　1 停止向垃圾进料口进料后，当垃圾料位达到低料位时，应关闭料斗密封门；

　　2 当难以维持炉膛主控温度大于或等于 850℃，应自动投入辅助燃烧器；如果需要，应投入主燃烧器；

　　3 减小蒸汽量和风量，直至停止供汽，关闭主汽阀；

　　4 燃烧器运行宜逐渐取代垃圾燃烧，使炉膛主控温度大于或等于 850℃，直至炉排上垃圾完全燃尽；

　　5 当炉排上垃圾完全燃尽后，可停运炉排，并应按照炉膛降温曲线降温，逐步减小直至关闭燃烧器；

　　6 在炉膛降温的同时，余热锅炉降温降压，并保持余热锅炉汽包水位正常；

　　7 当汽包（或汽包抽汽）压力低于设定值，供风量低于额定供风量的 30% 时，应停止向空气预热器供蒸汽；

　　8 当负荷低于 20% 或蒸汽温度低于设定值时，应解列减温水；

　　9 应根据炉膛降温的情况，逐步关闭密封风机、冷却风机、二次风机和一次风机，最后关闭引风机；

　　10 整个停炉过程中应保证烟气处理系统的正常投运。

5.2 维 护 保 养

5.2.1 炉排型垃圾焚烧炉维护保养应符合下列规定：

　　1 应巡检炉排、给料器及除渣机，保持炉排之间无明显变形和摩擦，给料器运行无机械卡涩，进退灵活到位，行程开关指示正确，液压缸行程正常，无摩擦严重现象，进、退反应灵敏，液压油无泄漏。除渣机运行中无卡涩，摩擦严重现象，进、退反应灵敏，液压油无泄漏。除渣机推杆前后无积渣，人孔门封闭完整，液压管接头完好。清洗水管、排污管及阀门畅通灵活。

  2 应巡检液压系统，重点检查油箱油位、油质、油温和油压是否正常，检查油泵及电机的振动、声音和电流是否正常，检查冷却系统是否完好，各设备管路接头有无松动、漏油现象。

  3 应巡检启动及辅助燃烧系统。

  4 应巡检炉墙是否完整、严密，有无脱落或烧损现象，测量炉排型垃圾焚烧炉炉外壁温度，监控其耐火保温材料状况。

  5 应巡检炉排型垃圾焚烧炉密封状况，包括但不限于人孔、视镜等。

  6 应巡检高温摄像头。

  7 应巡检各测量仪表和控制装置及附件是否完整、严密、畅通，指示是否正确。

5.2.2 余热锅炉的各安全阀均应在标定的有效期内。

5.2.3 余热锅炉维护保养应符合下列规定：

  1 应巡检水位计、压力表、温度计和流量表等，定期冲洗汽包水位计，保持水位计指示正确、清晰易见，照明充足；

  2 应巡检锅炉承压部件有无泄漏现象，及时消除跑、冒、滴、漏、震及爆管等缺陷；

  3 应巡检安全阀等；

  4 应巡检锅炉清灰系统，防止结渣；

  5 应巡检空气预热器、加药装置等。

5.2.4 转动机械维护保养应符合下列规定：

  1 应巡检转动部分，若发现异响、异常摩擦、振动过大等现象，及时消除缺陷；

  2 应巡检轴承，确认润滑良好，轴承温度、润滑油温及油位、冷却水温度、振动等正常；

  3 应巡检电机，确认电流、电机外壳温度正常；

  4 应巡检传动装置，确认连接良好。应巡检轴封，确认密封良好，无碰撞、摩擦和泄漏现象。

5.2.5 余热锅炉停、备用时，为防止受热面腐蚀，应采取措施做好水侧保养和烟气侧保养工作。

6 流化床垃圾焚烧锅炉系统

6.1 运 行

6.1.1 流化床垃圾焚烧锅炉系统组成宜包括流化床垃圾焚烧炉（含布风风室、密相区、悬浮段）、高温气固分离器、过热器、对流管束、省煤器、空气预热器等部分。主要实现的功能应为：焚烧生活垃圾，将垃圾焚烧产生的热能转为一定压力温度下的蒸汽热能。

6.1.2 流化床垃圾焚烧锅炉系统运行至少应包括启动前的检查和准备、冷态与热备用启动程序、运行监视、正常停炉与热备用停炉以及紧急停炉程序等。

6.1.3 经检修后的流化床垃圾焚烧锅炉系统必须进行检查和试验，合格后方可投入运行。

6.1.4 流化床垃圾焚烧锅炉系统启动前的质量检查和准备应符合下列规定：

　　1 应检查确认与准备启动的焚烧炉相关联的公用系统无检修工作或已隔离完善。

　　2 系统启动前状态应符合下列规定：

　　　1）炉膛内无杂物，各受热面表面清洁，无异常情况；

　　　2）所有人孔门、防爆门完整良好，确认内部无人后关闭严密；

　　　3）焚烧炉、风室内部浇注料无脱落，风帽完整良好，无堵塞；

　　　4）放渣管外形完整，内无焦渣，无烧坏现象；

　　　5）各热电偶温度计、测压元件完整可靠，穿墙处严密。

　　3 锅炉点火前应进行全面检查，应重点检查下列内容：

　　　1）汽包水位计处照明完好，玻璃管清晰，汽阀、水阀、放水阀严密不漏，开关灵活，且汽阀、水阀开启，放水阀关闭；

2）汽包、过热器安全阀完整，周围无杂物；

3）所有烟风系统阀门、返料系统、引风机、一次风机、二次风机、冷渣风机、烟气净化系统、空压系统等处于启动前的状态。

6.1.5 流化床垃圾焚烧炉冷态启动原则程序应符合下列规定：

1 启动操作程序应符合下列规定：

1）对焚烧炉系统及辅助系统应再进行一次全面检查；

2）锅炉进水至汽包点火水位，应停止进水，开启相关阀门；

3）应依次启动引风机、一次风机，维持炉膛一定负压；

4）应对炉膛进行吹扫，开启炉前密封风；

5）点火前应依据有关技术要求，进行冷态流化试验。

2 流化床焚烧炉升温操作程序应符合下列规定：

1）启动烟气净化系统，投入布袋除尘器，投用烟气在线监测设备；开启点火燃油系统，启动点火油泵，将点火油压调至正常状态；

2）应确认炉前各风门处于关闭状态后，微开一次风机出口调节门，全开点火总风门；将一次风风量调整至床层物料达到微流化状态；

3）当点火启动时，可调整燃油进油阀与点火风门使燃油着火，直至点火风门全开；

4）点火过程中应调整进油压力及回油压力值和风量在合理范围内，将燃油充分燃烧后产生 1000℃～1200℃左右的高温烟气，并通过与风室接口处设置的一次风进行混合，将风室温度稳定在 700℃～750℃之间，用以加热床层；

5）应启动返料风机，调整好相关风门开度；当流化床床下温度达到 550℃以上时，宜投入烟气脱酸系统，微

27

量投煤（或其他辅助燃料），投煤后要严密监视烟气含氧量的变化，根据升温曲线，调整给煤量与相关风门的开度；应根据烟气在线监测设备，投入烟气净化措施，确保烟气达标排放；

6）当床层温度达到750℃以上时，可拆除油点火系统，根据氧量、调节给煤量、一次风量及焚烧炉升温曲线将床温提升至850℃以上；

7）升温过程中，炉膛出口负压应始终保持在技术规定的范围值内；

8）炉膛升温过程应遵循供货方提供的升温曲线要求。

3 投垃圾程序应符合下列规定：

1）当床层密相区温度达到880℃以上时，应启动二次风机，调整好风量与风门开度；

2）开启垃圾给料系统相关风门，启动垃圾给料机，开始投料将垃圾送入焚烧炉内；

3）投放垃圾前可适当增大炉膛出口负压值，以消除炉膛较大的波动；

4）投放垃圾后应根据炉膛温度、烟气含氧量、烟气在线监测数据及主蒸汽温度等相关情况，及时调整一次风风量、二次风风量、垃圾量、给煤量、排渣量等。

4 在炉膛升温的同时，余热利用系统升温升压运行应按本标准第5章炉排型垃圾焚烧炉及余热锅炉相关规定执行。

6.1.6 流化床垃圾焚烧炉热备用启动原则程序应符合下列规定：

1 热备用启动操作程序应符合下列规定：

1）全面检查系统符合热备用启动条件；

2）启动引风机，电流值回值正常后微调调节门，炉膛出口负压值控制在技术规定控制范围内；

3）投用烟气净化系统及烟气在线监测系统。

2 焚烧炉升温操作程序应符合下列规定：

1）启动一次风机，微调调节门，使一次风风量尽量接近

临界流化风量;

2）启动给煤输送机（或其他辅助燃料），并开启相关风门，严密监视烟气含氧量的变化趋势，调整给煤量，保持烟气净化系统的正常运行，确保烟气达标排放；

3）在升温正常的情况下由临界流化风量逐渐增加至正常运行风量，升温时间应根据烟气含氧量速率及床层温度上升趋势调节控制；

4）当床层温度达到850℃以上时，保持一次风风量、炉膛出口负压值、烟气含氧量等在正常范围内，启动返料风机，调整好返料风门开度，调节好返料量，然后严密监视焚烧炉相关运行参数变化；

5）开启二次风机相关调节阀，启动二次风机，根据烟气含氧量等参数调节二次风量，调节过程中应严密监视炉膛出口负压的变化。

3 投放垃圾程序应符合下列规定：

1）在风室风压保持在合适范围内和床层温度在880℃左右情况下，开启与垃圾风量有关阀门，启动垃圾给料系统，投放垃圾；

2）焚烧炉投放垃圾后，可视床层情况投运冷渣机，排渣量应根据风室风压高低而定。

4 在炉膛升温的同时，余热利用系统升温升压的运行应按本标准第5章炉排型垃圾焚烧炉及余热锅炉相关规定执行。

6.1.7 流化床垃圾焚烧炉运行中的监控、调整和故障处理应符合下列规定：

1 运行调整主要项目应包括：焚烧温度（主要为床层温度和悬浮段温度）、床层差压、炉膛差压、返料循环量、一次与二次风配比、烟气含氧量、增减蒸汽负荷等。运行调整应符合下列规定：

1）焚烧炉膛出口压力宜保持在—100Pa～—200Pa之间；正常运行中，床层温度宜控制在800℃～850℃范围内，悬浮段温度（指下层二次风出口以上各段烟气温度）应控制在850℃～950℃范围内，可通过调整垃圾量（煤或其他掺烧燃料量）、一次风风量等控制温度；在床层温度正常范围内，悬浮段温度宜保持在上限运行；风量的调节应主要以二次风作为变量调节，可监视焚烧炉出口烟气含氧量来进行调整，烟气含氧量宜保持在6％～10％范围内；床层温度调整时，应防止流化床床层内结焦，如发现结焦应及时处理。

2）当冷态试验时，运行中应根据风室静压力（风室静压力是布风板阻力和料层阻力之和）的变化情况，判断运行中床层的高低与流化质量的好坏；运行中床层差压调节宜通过调节入炉垃圾量和排渣量，尽量使入炉垃圾量和排渣量达到动态平衡；在排渣时，宜设定床层压降值或用控制点压力的上限作为开始放底渣的基准，以及设定一定压降值或压力下限作为停止放渣的基准；可监测床侧密相区温度作为放渣的辅助判断手段。

3）在运行中应根据不同负荷保持不同的炉膛差压（炉膛上部区域与出口之间的压力差），差压太大时应从分离器放灰管中放掉部分循环物料以保持合理差压；当出现炉膛差压突然降低、甚至为零时，应及时检查分离器返料装置工作是否正常，如返料装置堵塞应及时查明原因后消除。

4）运行中应始终监视与调节控制返料器床温，保证返料器处床温宜控制在900℃～950℃之间；当返料器床温升得太高时，应减少入炉燃料量和降低负荷，查明原因后消除。

5）一、二次风量调整的原则应为：一次风调整流化、床层温度和料层差压，二次风控制总风量；在一次风量满足流化、床层温度和料层差压需要的前提下，应根据氧量情况控制二次风量；当锅炉达到额定蒸发量时，一、二次风配风比例应按设计进行调节；当锅炉蒸发量负荷在正常运行变化范围内下降时，一次风应按比例调节下降，当降至临界流化流量时，一次风量应基本保持不变，适当调整降低二次风，以适应负荷降低；当锅炉改变负荷时，宜采用"少量、多次"调整风量和垃圾处理量方法调节，避免床层温度及氧量出现大幅度的波动；焚烧炉运行中，应随时注意监视各部位的温度和压力变化，烟气温度或压力不正常应及时检查原因，采取措施消除并做好记录。

6.1.8 流化床垃圾焚烧炉正常停炉的原则程序应符合下列规定：

1 正常停炉操作程序应符合下列规定：

1）应做好正常停炉前的相关检查；

2）应停止向垃圾给料机输送垃圾以及向给煤机内输送煤（或其他辅助燃料）；

3）垃圾给料机内的垃圾输送完毕后，应停止炉前垃圾给料系统运行，并应关闭与垃圾投放系统的有关风门。

2 停止垃圾投放后应符合下列规定：

1）停运垃圾后应减小二次风风量运行或直接停运二次风机，调整好炉膛出口负压值；

2）应将煤仓存煤（或其他辅助燃料）用空后，停运给煤机（或其他辅助燃料输送机）；

3）当床层温度降至 550℃ 左右时，应停运返料风机，再停运一次风机。

3 停止所有燃料后应符合下列规定：

1）在停炉前，应加大冷渣机转速排放炉渣，将风室风压在正常的一次送风状态下降至焚烧炉供货方所规定的范围值内；

2）焚烧炉停运后，应严密关闭各调节门与手动风门，返料装置内灰渣宜在 10h 后排出，以防止焚烧炉急剧冷却；

3）焚烧炉停运过程中当锅炉主蒸汽温度不符合汽机运行要求时应及时关闭主汽隔离阀；

4）锅炉停止运行后，应将返料斜槽及仓泵中的料输空后方可停止烟气净化系统运行，最后停止引风机运行。

6.1.9 流化床垃圾焚烧炉热备用停炉的原则程序应符合下列规定：

1 热备用停炉操作程序应符合下列规定：

1）应做好热备用停炉前的相关检查；

2）应将垃圾给料机内的垃圾输送完毕后停运炉前垃圾给料系统，并应严密关闭与垃圾给料系统有关的风门；

3）应保持给煤或其他辅助燃料燃烧一定时间，直至焚烧炉内垃圾充分燃尽；

4）宜通过给煤量使床层温度在880℃左右和烟气含氧量在10%左右情况下，宜先减小二次风风量或直接停运二次风机，停运二次风机后应关闭风机相关挡板与调节门；

5）停运二次风机后应严密监视炉膛出口负压情况，合理调整引风机开度，使炉膛出口负压保持在规定的范围之内；

6）为达到热备用目的，宜通过给煤量使床层温度上升至900℃左右和烟气含氧量在8%～9%之间情况下，即停运给煤机（或其他辅助给料系统），并应及时严密关闭所有辅助燃料系统风门，停运一次风机、二次风机、返料风机、引风机；

7）锅炉停止后，将返料斜槽及仓泵中输空后可停止烟气净化系统运行。

2 停止燃料供给后应符合下列规定：

1）停运给煤（或其他辅助燃料）后，床层温度会继续上升，烟气含氧量同步上升；当烟气含氧量达到13%左右时，应停运返料风机，将返料风机的调速降至零，同时调整好炉膛出口负压值；

2）停运一次风机，迅速停运引风机，停止风机后应尽快关闭一次风机、引风机相关挡板与调节门；

3）烟气净化系统在停止锅炉运行后持续运行30min后方可停止运行，最后停止引风机运行。

6.1.10 流化床垃圾焚烧炉紧急停炉原则程序应符合下列规定：

1 紧急停炉操作程序应符合下列规定：

1）应迅速切断焚烧炉入炉燃料；

2）应紧急投入焚烧炉各连锁系统；

3）应快速启动"紧急停运"，全部风机停止后，快速关闭各手动、电动风门及调节挡板；

4）应及时切断主汽系统与母管系统的连接；

5）应严密监视各参数的稳定情况；

6）应对故障及时进行检查与分析；

7）烟气净化系统停运应按正常停炉规定执行。

6.1.11 流化床垃圾焚烧炉垃圾给料系统宜由受料斗、给料机、落料管等组成。其运行应符合下列规定：

1 垃圾给料机运行应满足连续、均匀、密封给料要求，避免炉膛压力剧烈波动；

2 应监控给料系统之间的溜管和落料管，在垃圾给料阻塞时，应进行反转松动等调节控制，保证正常给料；

3 垃圾给料调节应遵循微调少动原则，避免快速调节给料转速，保证连续给料。

6.1.12 流化床焚烧炉给煤系统可包括输送机、计量装置，其运行应符合下列规定：

1 给煤系统运行应根据点火和炉膛温度不低于850℃要求进行调节；

2 在垃圾给料发生阻塞时应及时增加给煤量，保证炉内正常焚烧；

3 煤给料调节应遵循"微调、少动"原则，避免快速调节给料转速，避免出现炉膛内温度剧烈变化。

6.1.13 流化床焚烧炉炉渣冷却系统可包括进料装置、控渣装置、冷渣机、冷却水管道、安全控制及断水保护等，其运行应符合下列规定：

1 炉渣冷却系统应根据焚烧炉床层温度和床层差压进行排渣，应满足连续、均匀、密封排渣要求，避免床层温度和床层差压剧烈波动；

2 运行时应严密监视冷渣器的进渣量和冷渣器的冷却水进、出口水温及压力显示，以确认系统运行正常；

3 冷渣器运行或停止状态，出水温度均应小于 80℃；

4 生产运行中的冷渣机停车时，严禁立即中断冷却水，以免引起冷渣机过热受损。

6.1.14 流化床垃圾焚烧炉的床料补充装置可包括输送管道和输送装置等。其运行应符合下列规定：

1 宜采用床料补充装置在床料连续排渣情况下保证床层正常差压运行；

2 焚烧炉启动及运行中宜通过床料补充装置将炉渣中筛分出小于或等于 5mm 的细渣作为床料送回焚烧炉内；

3 当运行中发现床层差压偏小时，应及时通过床料补充装置补充床料，以保证正常床层差压；

4 当运行中发现床层流化不良时，宜通过床料补充装置进行床料置换，调整床料的粒径分布，以保证正常床层差压；

5 运行过程中应定期检查输送物料的通畅性；

6 宜快速补充床料至正常床层差压后，快速排渣对床料置换，为达到良好流化效果，可进行多次床料置换。

6.2 维护保养

6.2.1 流化床垃圾焚烧锅炉系统维护保养应重点巡检焚烧炉膛、点火筒、布风风室、返料器、旋风分离器、各受热面、尾部烟道及换热设备和辅助给料、排渣系统等，每次启动前应进行焚烧炉漏风试验和布风板空板阻力试验。

6.2.2 焚烧炉膛维护保养重点巡查应符合下列规定：

1 应巡检流化床内风帽无磨损严重和风帽孔无硬物堵塞现象；

2 应巡检炉膛四周耐火浇筑部分磨损和脱落现象，并应及时采取措施进行处理；

3 应巡检炉膛内浇筑料上部水冷壁管磨损情况，测量焚烧炉外壁温度，监控其耐火保温材料状况；

4 应巡检垃圾给料口和给煤机落煤口处无结焦或磨损，如有结焦应及时清除；

5 应巡检焚烧炉膛密闭状况，包括但不限于人孔、视镜；

6 应巡检各测量温度、压力、流量等的仪表及附件是否完整、严密、畅通，指示是否正确。

6.2.3 布风风室、返料器、旋风分离器的维护保养重点巡检应符合下列规定：

1 应巡检布风风室浇筑料无脱落裂纹，点火筒保温砖无脱落、送风风道及上部烟道内部无异常；

2 应巡检排渣管无变形、漏风、漏渣，膨胀节未损坏，并应检查返料器筒壁浇筑料无磨损及无裂缝，膨胀填料无脱落；

3 应巡检返料风门开关行程正确，返料器内风帽、风孔无堵塞、床面无杂物；

4 应巡检旋风分离器内耐火层完好，中心筒及拉杆完好。

6.2.4 尾部烟道及设备的维护保养重点巡检应符合下列规定：

1 应巡检过热器管有无变形和积灰；

2 应巡检省煤器磨损情况，防磨罩无脱落；

3 应巡检空气预热器无漏风现象，无严重积灰；

4 应巡检空气预热器下灰斗及排灰管、预热器后水平烟道等处无积灰现象。

6.2.5 流化床焚烧炉余热利用系统的维护保养应按照本标准第

5 章的相关规定执行。

6.2.6 流化床焚烧炉的漏风试验应符合下列规定：

1 当采用正压试验法时，应关闭引风机挡板，启动送风机，将白粉或烟硝送至送风机进口端，不严密处会有白粉或烟硝喷出；

2 当采用负压试验法时，应启动引风机，保持炉膛负压－50Pa～－100Pa 之间，用点燃的火把靠近炉墙、烟道、炉顶、省煤器、空气预热器等尾部烟道，如火焰被吸则表明漏风，然后作出标记，检验结束后予以检修；

3 漏风检查完成后必须及时修补，保证焚烧炉的密封性能。

6.2.7 垃圾给料系统维护保养重点巡检应符合下列规定：

1 应巡检垃圾给料机轮轴，轴承与轴无松动，轴承件无麻点、裂纹、重皮、锈蚀，砂架完好；

2 应巡检垃圾给料驱动装置，机壳无裂纹，骨架密封各结合面垫无损坏、变形、变质及老化现象，轴承与轴无松动，轴承件无麻点、裂纹、重皮、锈蚀；

3 照明应充足，安全防护设施应齐全。

6.2.8 给煤输送机的维护保养重点巡检应符合下列规定：

1 应监测电机及减速箱温度稳定；

2 应巡检给煤输送机，轴承处润滑油脂充足，电机减速箱通气通畅；

3 应巡检给煤输送机电机及减速箱的运行噪声及振动状况；

4 照明应充足，安全防护设施应齐全。

6.2.9 冷渣系统维护保养重点巡检应符合下列规定：

1 应巡检冷渣机电机减速机及各部位轴承润滑油；

2 应巡检冷渣系统进出冷却水旋转水接头密封填料，以维持每分钟漏水不多于 2 滴为宜；

3 应每半年巡检一次"冷却水超压自动停车报警"和安全阀动作值校准，并试验其灵敏度；

4 应定期巡检冷渣器保护装置，进行试验并记录，安全阀应按照特种设备检验规定定期进行检验、校验。

6.2.10 床料补料系统的维护保养重点巡检应符合下列规定：

1 采用气力输送方式作为床料补沙的装置，应巡检易磨损管道弯头区域；

2 采用斗提机方式作为床料补沙的装置，应巡检提升斗是否变形和提升链条松紧程度。

6.2.11 转动机械维护保养应按照本标准第 5 章相关规定执行。

7 烟气净化系统

7.1 运 行

7.1.1 烟气净化系统宜由脱硝系统、脱酸系统、活性炭喷射系统、除尘器、引风机和烟囱组成。烟气净化系统的主要任务应为：控制颗粒物、酸性污染物、氮氧化物、重金属、二噁英的浓度，使烟气达标排放。

7.1.2 烟气净化系统运行应符合下列规定：

　　1 应通过控制炉膛主控温度，采用 SNCR 系统或 SCR 系统、SNCR＋SCR 系统控制 NO_x 等排放达标；

　　2 应采用干法、半干法或湿法等烟气脱酸系统，控制 HCl、SO_x 等排放达标；

　　3 应喷入品质和数量满足要求的活性炭，控制重金属排放达标；

　　4 应采用调整炉膛主控温度，喷入品质和数量满足要求的活性炭等措施，确保二噁英排放达标；

　　5 应采用高效袋式除尘器，确保颗粒物排放达标。

7.1.3 半干法烟气脱酸系统的运行应符合下列规定：

　　1 启动前的检查与准备应符合下列规定：

　　　1）检修工作应完毕，气密性试验合格，工作票已终结，设备完好，现场整洁；

　　　2）水、电、压缩空气系统应已投用，流量和压力等参数满足要求；

　　　3）系统中所有热工仪表及控制系统应处于可用状态；

　　　4）石灰浆液制备系统应已投用，并应已制备出合格的中和剂；

　　　5）雾化器安装应完毕并处于可用状态；

6）应分别确认除尘设备、飞灰输送系统、烟气在线监测系统、引风机处于可用状态；

7）所有人孔门应已关闭。

2 启动的原则程序应符合下列规定：

1）应启动石灰浆液制备系统，按技术要求制备 5%～20%浓度的石灰浆液；

2）应启动反应塔下部加热装置；

3）当锅炉出口烟气温度达到设备技术要求后，在垃圾推料之前，应先开启雾化器，然后启动石灰浆液泵，先进清水后进石灰浆液，雾化喷入；

4）应启动反应塔下部振打装置及飞灰输送系统。

3 运行主要监控内容应符合下列规定：

1）石灰浆液的浓度及流量，应根据烟气排放在线检测结果调整中和剂的流量和浓度，确保烟气中酸性气体的排放指标合格；氢氧化钙基准用量宜为 8kg/t～12kg/t 入炉垃圾；

2）根据反应塔出口烟气温度、雾化器雾化效果及反应塔内积灰结块情况，反应塔底部应经常性振打放灰；

3）系统内各设备的温度、振动和转速应正常；

4）系统中各溶液罐液位应正常，无溢流和泄漏；

5）系统内管道阀门应无泄漏。

4 正常停运的原则程序应符合下列规定：

1）停炉时，应等炉排上的垃圾燃尽，炉排停运后，方可停止雾化器的运行；

2）停止雾化器时，首先应关闭石灰浆泵，退出石灰浆液雾化喷入，继续喷入清水清洗雾化器至排烟温度低于180℃，关闭雾化器；

3）应停止反应塔下部加热和振打；

4）停运后，应在 15min 之内从反应塔内取出喷雾器，脱开与之连接的管路进行维护；

5）停运后，应及时清理雾化塔下部积灰，清灰后关闭其飞灰输送装置。

5 若采用氢氧化钙中和脱酸，应按批次检测，其理化性质宜符合表 7.1.3-1 的规定。

表 7.1.3-1 氢氧化钙理化性质

序号	参数名称	指标值
1	氢氧化钙纯度	≥90％
2	比表面积（BET 法）	≥14m²/g
3	粒径分布	≥325 目

6 若采用氧化钙中和脱酸，应按批次检测，其理化性质宜符合表 7.1.3-2 的规定。

表 7.1.3-2 氧化钙理化性质

项目	要求数值
纯度	≥85％
密度	700kg/m³～1100 kg/m³
比表面积	1.5m²/g～2.5m²/g
粒度	≥ 80 目
活性	150g 氧化钙与 600g 水混合，3min 内温升大于 70℃，10min 内温升大于 73℃
S 含量	<0.1％

7.1.4 活性炭喷射系统的运行应符合下列规定：

1 启动前的检查与准备应符合下列规定：

1）检修工作应完毕，气密性试验合格，工作票已终结，设备完好，现场整洁；

2）水、电、压缩空气系统应已投用，流量和压力等参数满足要求；

   3）系统所有热工仪表及控制系统应处于可用状态；

   4）中和剂制备系统应已投用，并应已制备出合格的中和剂；

   5）雾化塔应正常；

   6）应分别确认除尘设备、飞灰输送系统、烟气在线监测系统、引风机处于可用状态；

   7）所有人孔门应已关闭；

   8）防火紧急报警系统应处于正常模式。

 2 启动的原则程序应符合下列规定：

   1）启炉投放垃圾时，应同时启动活性炭喷射系统；

   2）应开启压缩空气进口总阀；

   3）应开启喷射器出口气动阀；

   4）应开启喷射器压缩空气进口气动阀；

   5）应开启活性炭计量螺旋及给料螺旋。

 3 主要运行监控对象应包括下列内容：

   1）活性炭仓温度；

   2）压缩空气系统压力；

   3）经常振打活性炭仓，防止活性炭搭桥；

   4）活性炭管道及阀门无泄漏；

   5）活性炭基准用量可结合当地情况和垃圾特性优化。

 4 停运的原则程序应符合下列规定：

   1）停炉时，应等炉排上的垃圾完全燃尽，炉排停运后，方可停止活性炭喷射；

   2）应关闭活性炭计量螺旋及给料螺旋；

   3）应关闭喷射器压缩空气进口气动阀；

   4）应关闭喷射器出口气动阀；

   5）应关闭压缩空气进口总阀。

 5 按批次检测活性炭，活性炭理化性质宜符合表 7.1.4 的规定。

表 7.1.4 活性炭理化性质

项目		单位	要求数值
pH 值		—	5~7.5
灰分		%	<8~10
水分		%	<3
填充密度		kg/m³	400~500
比表面积		m²/g	>900
碘吸附值		—	>800
粒径	0.150mm	%	>97
	0.074mm		>87
	0.044mm		>72
	0.010mm		>40

7.1.5 袋式除尘器的运行应符合下列规定：

　1 启动前的检查与准备应符合下列规定：

　　1）检修工作应完毕，气密性试验合格，工作票已终结，设备完好，现场整洁；

　　2）水、电、压缩空气系统应已投用，流量和压力等参数满足要求；

　　3）系统中所有热工仪表及控制系统应处于可用状态；

　　4）清灰系统应处于可用状态；

　　5）滤袋内袋笼安放应垂直，固定良好；

　　6）应分别确认脱酸系统、飞灰输送系统、烟气在线监测系统、引风机处于可用状态；

　　7）所有人孔门应已关闭。

　2 启动的原则程序应符合下列规定：

　　1）对滤袋系统进行预喷涂；

　　2）启动电加热预热系统；

　　3）当进口烟气温度低于 140℃时，应投用部分仓室主路系统，关闭其他仓室；

4）当进口烟气温度高于140℃后，应投用全部滤袋仓室；

5）启动灰斗振打装置及飞灰输送系统。

3　主要运行监控对象应包括下列内容：

1）在线监测烟气颗粒物排放、烟气含水率指标；

2）除尘器进出口烟气温度；

3）滤袋进出口压差；

4）压缩空气压力；

5）烟气流量。

4　停运的原则程序应符合下列规定：

1）停炉时，应等炉排上的垃圾完全燃尽，炉排停运后，袋式除尘器方能停运；

2）当进口烟气温度低于140℃时，应投用部分仓室主路系统，关闭其他仓室；

3）当引风机停运后，应对滤袋进行离线清灰；

4）关闭加热系统，关闭泄灰阀。

7.1.6　SNCR脱硝系统的运行应符合下列规定：

1　启动前的检查与准备应符合下列规定：

1）本系统应无检修或检修结束，工作票已终结；

2）除盐水补给和低压蒸气供给应正常；

3）压缩空气雾化系统应正常；

4）应检查各泵与阀门，确认其处于可用状态；

5）应确认系统所有热工仪表及控制系统处于可用状态。

2　启动的原则程序应符合下列规定：

1）制备还原剂溶液；

2）确认炉膛主控温度大于850℃；

3）启动还原剂循环系统；

4）当还原剂循环管路末端压力稳定后，应启动压缩空气雾化系统；

5）当雾化压缩空气压力达到规定值后，应变频启动还原剂分配喷射系统。

3 运行主要监控应包括下列内容：

    1）还原剂溶液喷射量稳定、喷枪雾化良好；

    2）根据烟气在线检测结果调整还原剂的流量和浓度，确保烟气中氮氧化物排放指标合格，尿素基准用量可结合当地垃圾特性，环境条件等因素优化；

    3）系统内各设备的温度、异声和振动值；

    4）系统中各溶液罐液位正常，无溢流和泄漏；

    5）系统内管道阀门无泄漏；

    6）喷射压缩空气压力正常。

4 停运的原则程序应符合下列规定：

    1）关闭还原剂溶液喷射系统；

    2）关闭压缩空气雾化系统；

    3）退出还原剂溶液喷枪并妥善保管。

7.2 维 护 保 养

7.2.1 半干法烟气脱酸系统主要设备的维护保养应符合下列规定：

  1 应巡检石灰浆液制备系统，检查各设备温度、声音、振动和转速等是否正常，检查各石灰浆液罐料位是否正常，搅拌器电机是否运转正常，防止石灰浆液沉淀结块，检查浆泵叶轮磨损情况，管路及阀门是否堵塞；

  2 应定期酸洗石灰浆液制备系统；停运后应及时清洗石灰浆液制备系统；

  3 应定期酸洗和清洗雾化器；

  4 应巡检雾化器，检查转速、振动及轴承温度等是否正常；如发现雾化器喷嘴堵塞，应及时酸洗或换备用雾化器，将堵塞的雾化器移至检修平台清洗；

  5 应巡检反应塔，底部应经常性振打放灰；停运后应及时清理反应塔下部积灰。

7.2.2 活性炭喷入系统维护保养应符合下列规定：

1 应巡检活性炭喷入系统，避免出现架空、泄漏、堵塞等情况；

2 应检查活性炭仓温度和压缩空气压力是否正常；

3 应检查各给料螺旋、喷射器、气动阀工作是否正常。

7.2.3 袋式除尘器维护保养应符合下列规定：

1 应巡检袋式除尘器，如发现有滤袋破损，应及时更换；

2 应检查压缩空气压力是否正常、压差传感器工作是否正常；

3 应根据袋式除尘器前后压差进行在线清灰或离线清灰，如压差异常，应及时找出原因并采取措施进行处理；

4 应经常检查袋式除尘器下部灰仓振打器、泄灰阀和刮板机工作是否正常。

7.2.4 SNCR 脱硝系统主要设备的维护保养应符合下列规定：

1 应巡检还原剂制备及循环系统、压缩空气雾化系统、还原剂分配喷射系统，检查各设备温度、声音、振动和转速是否正常；

2 应巡检容器罐、管道及阀门，发现泄漏应及时处理。

7.2.5 应定期巡检烟囱，及时处理可能发生的腐蚀问题。

7.2.6 烟气净化系统备用设备应处于可用状态。

8 汽轮发电机及其辅助系统

8.1 运 行

8.1.1 汽轮发电机及其辅助系统宜由汽轮发电机本体、凝汽系统、凝结水回热系统、除氧器、润滑油系统、循环水系统等组成。主要实现的功能应为：将蒸汽热能转变为机械能。

8.1.2 汽轮机启动前的检查与准备应符合下列规定：

1 应检查所有阀门并处于正确位置，包括电动主汽门、自动主汽门和调速汽门，确认关闭严密；汽缸、主蒸汽管、抽汽管路等的直接疏水门开启；其他在启动时能影响真空的阀门以及汽水可以倒回汽缸的阀门均应在关闭状态；管道保温应无破损。

2 应检查所有辅助设备，确认转动机械无卡涩、转动灵活、轴承油位正常、油质良好。

3 应测量发电机及各电机绝缘，绝缘值合格。

4 应确认所有仪表及控制系统正常，就地与中控声光报警应正常。

5 应检查汽轮发电机组的润滑油系统、调速系统，确保油管、油箱、冷油器、滤油器、油泵处于完好状态；油箱内油质应合格、油位正常；应确认所有放油门关闭严密；应确认冷油器的进出油门开启。

6 应确认保安系统正常，危急遮断器应动作灵活，并应在脱扣位置；除低真空保护外，汽轮机危急遮断系统应投入；发电机热工保护待机组应并网后投入；抽汽压力低低保护可视抽汽投运情况确定。

7 应检查汽缸本体，包括装有主汽阀和抽汽门的各蒸汽管道，确认其能自由膨胀。

8 射水池、冷却塔水池、工业水池水位应处于正常范围，设备冷却水应正常。

9 除氧器、除盐水箱水位应正常，除盐水泵应工作正常。

10 应启动润滑油泵，确认油泵油压、油温在正常范围。

11 应检查盘车装置正常后，各轴承有回油后启动盘车装置。

12 在静止状态下，应确认危急遮断器试验和磁力断路油门试验、主汽门活动试验、主汽门严密性试验、调速汽门严密性试验、抽汽逆止门关闭试验、低油压连锁保护试验、轴向位移保护试验、胀差保护试验、轴承温度保护试验、低真空保护试验、真空严密性试验、电超速试验、凝结水泵连锁试验、射水泵连锁试验、机电连锁试验等试验合格。

13 冷态启动时，应测量汽轮机本体的膨胀原始值并记录检查的结果。

8.1.3 汽轮机冷态启动应符合下列规定：

1 暖管（到自动主汽门前）应符合下列规定：

  1） 应确认汽轮机已做好各项启动准备工作，并应打开主蒸汽管道疏水门后，开始对汽轮机的蒸汽管道进行暖管；

  2） 自动主汽门前的暖管工作，一般可随锅炉升压同时进行；

  3） 低压暖管时，应缓慢开启电动主汽门的旁路门，按汽轮机制造厂的规定进行暖管；

  4） 应升压暖管至额定压力，升压速度和升温速度应按汽轮机制造厂的规定进行；

  5） 在暖管时应严防蒸汽漏入汽缸，严密监视汽缸和排汽室温度变化，防止蒸汽进入汽缸而超温，必要时可开启凝结器冷却水系统进行降温。

2 启动凝汽系统，抽真空，应符合下列规定：

  1） 应在升压暖管期间，启动凝汽器系统；

  2） 应启动循环水泵、凝结水泵、射水泵或真空泵；

3）应在连续盘车状态下，投入轴封系统，汽轮机转子在静止状态下禁止向轴封送汽。

3 冲转升速应符合下列规定：

1）冲动汽轮机转子前，应再次检查并确认进入汽轮发电机组各个轴承的油流正常，轴承油温、润滑油压和调速油压正常，发电机的绝缘合格，保护装置投入，凝汽系统工作正常，真空符合要求，主蒸汽压力、温度符合要求；

2）当启动油泵不正常时，应启动润滑油泵并停机；

3）升速暖机速度、稳定转速和时间应按制造厂规定进行，部件温升率、上下缸温差、转子和汽缸的胀差不应超过制造厂规定的数值；

4）冲动转子后，应确认盘车装置脱扣并停运；

5）在升速过程中，应检查油温、油压、油箱油位、油流、真空、轴承振动、机组热膨胀等数据，随时监听机组的运转声音，确保其在正常范围，如有异常，则应分析原因，再决定是否继续升速；

6）接近临界转速时，升转速度应加快，迅速平稳地通过临界转速，越过临界转速时，轴承最大振动值不得超过制造厂规定，若有超过情况，应降速使振动在允许范围内，并应维持该转速暖机 10min，然后再升速，若仍出现振动值超标，应停机检查；

7）当转速到达额定转速时前，应按制造厂规定使主油泵投入正常，到额定转速时，应确认油系统油压正常，真空达到正常值，全面检查机组各公辅系统运行正常，做好并网前的准备工作；

8）对新安装汽轮机、设备大修后机组、停机拆开过调速系统的机组及停机一个月后再启动的汽轮机等，在汽轮机空转运行正常、热膨胀充分后，应进行机械超速试验。

4 带负荷应符合下列规定：

　　1） 除有特殊需要外（干燥发电机，特殊的电气试验等），汽轮机不应长时间空转运行，空转时排汽温度不应超过规定范围；

　　2） 带负荷暖机时间以及负荷增加速率等应根据制造厂规定执行，整个带负荷过程，油压、油温、油流、油位、轴承振动、热膨胀、轴向位移、各轴瓦温度以及发电机冷却风温等参数应保持正常；

　　3） 加负荷时，应特别注意推力轴瓦温度和轴向位移指示，热膨胀应均匀；

　　4） 在汽轮机带一定负荷之后，应投入加热器；

　　5） 投入发电机空冷器，出口风温应符合要求；

　　6） 油温超过45℃后应投入冷油器，冷油器出口油温应保持在35℃～45℃；

　　7） 凝结水水质合格后方可回收。

5 热态启动应符合下列规定：

　　1） 应在盘车状态下先向轴封送汽，然后启动抽气器；

　　2） 根据冲动转子前汽缸温度状态和根据制造厂的规定，应在启动过程中适当加快升速和带负荷速度；

　　3） 应检查上下缸温差不超过50℃。

6 出现下列情况时禁止汽轮机启动或投入运行：

　　1） 危急保安器及各保护装置动作不正常；

　　2） 主汽门或调速汽门有卡涩现象不能关严；

　　3） 缺少转速表或转速表不正常时；

　　4） 交、直流油泵任意一台运行不正常；

　　5） 盘车装置出现故障；

　　6） 调节系统不能维持空转运行和甩去全负荷后不能控制转速；

　　7） 自控系统工作失常，主保护不能投入。

8.1.4 运行中必须严格监控汽轮机转速、轴承油温、轴向位移、振动、胀差等各项技术指标。

8.1.5 运行中的监视、调整和故障处理应符合下列规定：

  1 汽轮机运行调整应符合下列规定：

    1）应根据运行工况，监视主蒸汽压力、主蒸汽温度，其变动范围应正常；

    2）油系统油压、油温变化应正常；

    3）凝汽器水位应正常，凝结水水质应合格；

    4）回热系统应正常投入，加热器出口水温应符合设计数值；

    5）汽轮机在适宜的真空下运行，凝结水不应有过冷却现象，排汽温度和凝结水温度相差不应超过 1℃～2℃，凝汽器循环水进出口温度应正常。

  2 在下列情况下，应立即打掉危急保安器并破坏真空紧急停机，同时与电网解列：

    1）汽轮机转速升高到危急保安器应该动作的转速而危急保安器未动作；

    2）机组突然发生强烈振动；

    3）清楚地听到汽轮机内有金属响声；

    4）水冲击；

    5）轴封内发生火花；

    6）汽轮发电机组轴承油压突然下降到停机限定值且无法恢复或轴承出口油温急剧升高到 70℃以上；

    7）轴承内冒烟；

    8）油系统着火且不能很快将火扑灭；

    9）油箱内油位突然降低到最低油位以下；

    10）主汽管破裂；

    11）转子轴向位移突然超过了规定的极限数值；

    12）发电机内冒烟或冷却水中断；

    13）凝汽器内真空降到制造厂规定的数值以下。

  3 主蒸汽温度和压力的监视、调整和故障处理应符合下列规定：

  1） 主蒸汽压力应在制造厂规定范围内变化；

  2） 主蒸汽压力升高超过规定上限，应迅速降低锅炉主蒸汽压力至额定值；

  3） 主蒸汽压力降低超过规定下限，应适当降低负荷，当继续降低到制造厂规定停机数值，应联系故障停机；

  4） 主蒸汽温度应在制造厂规定范围内变化；

  5） 主蒸汽温度升高超过规定温度上限，应根据厂家规定及具体情况降低锅炉主蒸汽温度至额定值或者联系故障停机；

  6） 主蒸汽温度降低超过规定温度下限，应根据厂家规定及具体情况升高锅炉主蒸汽温度至额定值或者降低负荷直至零，并应根据下降程度及时打开主蒸汽管道上的疏水门。

  4 凝汽器真空的监视、调整和故障处理应符合下列规定：

  1） 真空允许变化数值，应符合制造厂的规定。

  2） 真空降低，应检查确认循环水量、轴封蒸汽、凝汽器水位、射水箱水位及水温、抽气器、真空系统，查明原因。

  3） 当循环水量中断或水量减少使真空降低时，当真空急剧下降，循环水泵跳闸时，应立即关闭其出口，防止其倒转；并应立即启动备用泵，如启动不成功，应迅速降低汽轮机负荷至零，打闸停机。当真空缓慢下降，循环水量不足时，应检查循环水泵出口压力、冷却塔水位、凝汽器循环水进出口温度是否正常，根据检查结果采取相应措施处理。

  4） 当轴封蒸汽压力低而使真空降低时，特别在负荷降低时，应注意调整轴封蒸汽压力和温度。

  5） 当凝汽器水位高使真空降低时，凝汽器满水的处理方法应为立即开启备用凝结水泵；如果凝汽器冷凝管破裂或管板泄漏，导致凝汽器内水位升高、凝结水硬度增加时，应停止破裂的半侧凝汽器及时处理；如果凝结水泵故障，应及时启动备用水泵，停止故障水泵。

6）当射水系统故障使真空降低时，如果射水箱水位过低或水温过高时应开启补水门直至恢复到正常；如果射水泵故障，应迅速启动备用射水泵；如果抽气器工作不正常或效率降低，应及时启动备用抽气器，停止故障抽气器。

7）当真空系统不严密使真空降低时，应及时检查真空下运行管路的水封水源、更换盘根、拧紧螺丝等。

5 油系统监视、调整和故障处理应符合下列规定：

1）进入轴承的油温应保持在 35℃～45℃ 的范围内，温升不应超过 15℃。

2）根据化学监督要求，应定期对润滑油进行检测，当负荷变化时应注意调整轴封蒸汽压力，防止由于压力过高漏汽到油系统，使油质迅速劣化。

3）油系统油压应在正常范围波动，主油泵声音失常时，应注意油系统中油压变化，及时发现不正常情况。必要时应迅速破坏真空，缩短惰走时间，紧急停机。

4）当发现轴承油温普遍升高时，应检查冷油器出口油温及润滑油压，增大冷油器冷却水管上水阀开度，并检查滤水网是否阻塞。

5）运行中油系统着火不能立即扑灭时，应迅速破坏真空故障停机，立即通知消防人员到现场同时采取最有效办法灭火。火势仍无法扑灭时应将油放至事故油池内，并切断故障设备电源，减小火灾损失范围，避免影响其他机组运行。

6 汽轮机转速应在制造厂的允许范围内。当发生严重超速且危急保安器未动作时，应立即手打危急保安器，破坏真空，紧急停机，并检查调速汽门、自动主汽门、抽汽逆止门是否关闭；

当发现主汽阀、抽汽逆止门未关严时，应迅速关严。

7 轴向位移的监视、调整和故障处理应符合下列规定：

1） 轴向位移允许变化数值，应符合制造厂的规定；

2） 当发现轴向位移逐渐增大时，应特别注意推力轴承温度；

3） 当轴向位移超过正常值时，应迅速减轻负荷，使轴向位移降到额定值以下，检查推力轴承温度，测量机组振动，并倾听汽轮机内部及轴封处有无异响，检查汽轮发电机组各轴承振动；

4） 当轴向位移增大，并伴随不正常声响、噪声和振动，或者轴向位移在空负荷运行情况下超过极限值时，应迅速破坏真空，紧急停机。

8 甩负荷的监视、调整和故障处理应符合下列规定：

1） 当发电机突然甩负荷和电网解列后，功率表为零，转速上升并稳定在一定值，调速汽门自动关小，调速系统可以控制转速，危急保安器未动作，应控制汽轮机转速到额定值，调整轴封蒸汽，检查轴向位移和推力轴承温度，检查机组振动和机组内部有无异响，调整凝汽器水位，检查主蒸汽参数，一切正常后，可重新并列带负荷。

2） 当发电机突然甩负荷后，功率表为零，转速升高后降低，调速汽门和自动主汽门全关，调速系统不能控制转速，危急保安器动作，应确定调速汽门、主汽阀、抽汽逆止门完全关闭，转速不再上升，否则应关闭相应截止门。当油压降低时立即启动油泵，调整轴封蒸汽，检查轴向位移和推力轴承温度，检查机组振动和机组内部有无异响，调整凝汽器水位，检查主蒸汽参数，设定调速器转速到相对低值，缓慢开启主汽阀，平缓提升转速到正常值，调速系统正常后可重新并列带负荷。

9 负荷骤然升高的监视、调整和故障处理应符合下列规定：

1）应迅速检查功率表和调速汽门位置，如果负荷超过规定值，应降低负荷；

2）应检查推力轴承温度、主蒸汽温度、主蒸汽压力、油温、油压、真空是否正常；

3）应检查轴向位移、振动；

4）应检查凝汽器水位。

10 应根据化学监督要求，应定期对凝结水、循环冷却水、润滑油、控制油进行检测，确保品质合格。

11 汽轮机在运行中的定期试验应符合下列规定：

1）每运行 2000h 应用提升转速的方法试验危急保安器；

2）自动主汽门、调速汽门等重要阀门，应每天进行门杆活动试验；

3）油泵及其自启动装置应每周试验一次，每次停机前也应进行试验；

4）真空严密性试验应每月试验一次；

5）抽汽逆止门动作试验应每星期进行一次。

8.1.6 汽轮机停机前的准备应符合下列规定：

1 正常停机前，应确认各辅助油泵及盘车装置电机正常；

2 应检查电动主汽门、自动主汽门、调速汽门、抽汽逆止门，确认无卡涩现象；

3 各保护连锁应正常投入。

8.1.7 汽轮机正常停机的原则程序应符合下列规定：

1 正常停机时，应按照制造厂规定的降负荷曲线进行降负荷；

2 应切除抽汽负荷，当负荷降低到一定数值时，应停止抽汽回热系统；

3 启动根据具体情况启动油泵或者润滑油泵，并应确保正常运行；

4 应在负荷降到零时，电气解列；

5 应检查汽轮机转速，自动主汽门、调速汽门应关闭；

6 应根据真空降低情况，调整轴封蒸汽；

7 应在汽轮机转速到零，停止射水泵；

8 转子静止后应立即投入盘车装置，盘车期间润滑油泵运行，润滑油系统正常运行，直至机组完全冷却；

9 应停止凝结水泵，关闭相应凝结水门；

10 应在冷油器进油温度低于规定下限值时，停止冷油器；

11 应关闭主蒸汽管道上的电动阀，开启主蒸汽管道疏水，防止漏气进入汽轮机，开启本体疏水和抽汽逆止门疏水；

12 应关闭凝汽器循环水进出口门；

13 应记录汽轮机打闸到转子全停的惰走时间；

14 长期停止运行的机组，应采用防腐、防冻等保护措施。

8.1.8 汽轮机乏汽采用空冷系统冷却时应按照设备制造厂家的相关技术要求进行运行。

8.1.9 焚烧厂供热时，供热系统运行应符合现行行业标准《城镇供热系统运行维护技术规程》CJJ 88 的有关规定。

8.2 维 护 保 养

8.2.1 汽轮机设备维护保养应符合下列规定：

1 应巡检汽轮机本体、主油泵、轴承、转子等声音正常，无摩擦撞击声，各轴承振动、轴向位移、滑销系统等正常；

2 应巡检调速系统，调速系统动作平稳，无跳动和卡涩现象，调速汽门开度与负荷相适应；

3 应巡检油系统，油系统各油压正常，冷油器出油温度保持在35℃～45℃之间，各轴承出油通畅，各轴承油温随负荷变化正常，轴承温度正常，油箱油位正常，油系统管路无堵塞、漏油现象，严防着火，及时排水排污；

4 应巡检凝汽器本体、抽气设备、凝结水泵运行正常，凝汽器水位正常，真空变化正常，排汽温度、循环水进出水温正常，管道、法兰无漏水；机力冷却设备运行正常、冷却淋水细度和密度应均匀，发电机冷却器无漏水漏风；

5 应巡检除氧器本体及其汽水系统管道、阀门，确保除氧器本体运行正常，加热蒸汽、主凝结水、补充水、疏水等汽水管道无泄漏，管道支撑无松动，保温层无松动脱落，管内无异常振动和水击声，阀门连接良好、无泄漏，除氧器压力安全阀不漏汽、不误动；

6 应检查润滑油控制油过滤器，阻力小于规定值，应及时切换或清洗、更换滤芯，至少每周旁路过滤一次汽轮机润滑油；

7 应做好凝结水泵、射水泵、疏水泵、供油泵等辅助设备切换和补充润滑油等定期工作。

8.2.2 当汽轮机乏汽采用空冷系统冷却时，应按照设备制造厂家提供的技术要求进行维护保养。

9 电气系统

9.1 运 行

9.1.1 电气系统宜由发电系统、变电系统、并网系统、厂用电系统、直流电系统、应急电源系统、通信系统、采光照明等组成。

9.1.2 发电系统应包括发电机本体、励磁装置及其保护装置设备。发电系统运行应符合下列规定：

   1 发电机的启动、并列、加减负荷、解列和停机应符合下列规定：

     1）发电机应进行启动前的各种试验（断路器分合、连锁动作等），确认各系统运行正常，各有关设备必须完整，短路线和接地线必须拆除，外部清洁应符合要求；

     2）全部电气设备巡检完毕后，在发电机启动前应测量发电机定子及励磁回路的绝缘电阻，绝缘电阻值应符合要求，并做好记录；

     3）并网前，应先向当地电力部门的电网调度机构报告，取得同意后方可并网；

     4）采用准同期并列时，应在发电机的频率与系统频率相差 0.5Hz/s 以内时接入同期检定装置，并投入同期闭锁装置；

     5）发电机并入电网后，加负荷时应对发电机冷却介质温升、铁芯温度、线圈温度以及电刷、励磁装置的工作情况等进行监控；

     6）发电机解列前，应先向当地电网调度机构报告，同意后减去有功及无功负荷，然后再断开发电机的出口断路器，切断励磁系统；

  7）发电机解列后，应进行盘车，直至汽轮机汽缸温度满足设备技术要求后，才能完全停下来。

2 发电机正常运行中的监视及记录应符合下列规定：

  1）应密切观察并定期记录各项运行参数，当发现运行参数不正常时，应及时查明原因并进行相应操作；

  2）应定期巡检发电机及其附属设备；

  3）应加强监视润滑油的温度和油压、轴承的温度及进出口风温度。

3 发电机不正常运行和事故的处理应符合下列规定：

  1）在事故情况下，发电机的定子绕组可在短时内过负荷运行，转子绕组可有相应的过负荷，短时过负荷的允许值应符合制造厂的规定；

  2）当发电机的定子电流达到过负荷允许值时，应巡检发电机的功率因数和电压，并记录过负荷电流的大小和时间，应按照现场规程的规定，在允许的持续时间内，用降低励磁电流的方法，降低定子电流到正常值，但不得使电压过低。如果降低励磁电流不能使定子电流降低到正常值时，则必须降低发电机的有功负荷或切断一部分负荷；

  3）当发电机发生剧烈的振荡、失去同期、主开关跳闸、发电机失磁运行、发电机内部爆炸、着火时，应采取相应的事故处理措施；

  4）当发电机着火时，应紧急停机，用二氧化碳灭火器来扑灭火灾；

  5）不得使用泡沫式灭火器或砂子灭火；

  6）当因自动励磁系统故障引起事故时，应检查励磁系统并处理故障，可适当降低无功，但不应使电压过低，不应使发电机失磁运行；

  7）发电机温度异常时，应立即减负荷，使温度降到极限值以内，再检查处理。

9.1.3 变电系统应包括升压变压器、厂用变压器及其保护装置设备。变电系统运行应符合下列规定：

1 变压器运行应符合现行行业标准《电力变压器运行规程》DL/T 572 的有关规定；

2 变压器应有相应的故障处理措施；

3 变压器应有相应的防火安全措施。

9.1.4 并网系统应包括并网线路及其保护装置设备、电力系统调度自动化设备、电力系统通信设备、同期装置、10kV 以上开关柜（或 GIS 装置）。并网系统运行应符合下列规定：

1 取得《电力业务许可证》并及时签订《并网调度协议》和《购售电合同》，不应无协议运行和无合同交易；

2 应严格执行电力系统调度规程等有关规定，以及电力调度机构下达的调度指令；

3 应制定并网线路及其保护装置事故处理措施。

9.1.5 厂用电系统应包括高压变频器、高压开关柜、低压配电柜、电动机及其保护装置等。厂用电系统运行应符合下列规定：

1 设备投入运行前，应确保继电保护和自动装置投入运行；

2 变频器的运行应符合依据制造厂提供的资料编制的运行规程的要求；

3 高低压开关柜应整洁，仪表指示应正常，开关接触应良好，并应有定期保养和试验的相关管理规定；

4 电动机的运行应符合国家现行相关标准的规定；

5 应落实电动机的防火安全措施。

9.1.6 直流电系统运行应符合下列规定：

1 直流电源装置宜有良好的运行状态，保证供电的可靠性；

2 直流母线的电压均应在合格范围；

3 蓄电池组有合格的充放电容量；

4 防酸蓄电池和大容量的阀控电池应安装在专用蓄电池室

内，容量较小的镉镍蓄电池和阀控蓄电池可安装在柜内；

5 蓄电池室的温度宜在 5℃～35℃ 内，并保持良好的通风和照明，蓄电池室的照明应使用防爆灯，室内照明线应采用耐酸绝缘导线。

9.1.7 应急电源系统运行应符合下列规定：

1 充电电压、电流等参数符合设计要求，各指示灯显示正常状态；

2 闭锁装置正常，灵活；

3 控制开关、出口断路器在自动位置；

4 应定期进行安全检查、预防性试验、启动试验和切换装置的切换试验；

5 柴油发电机组处于热备用状态。

9.1.8 通信系统应符合下列规定：

1 通信系统运行应符合现行行业标准《电力通信运行管理规程》DL/T 544 的有关规定，确保通信畅通、安全；

2 电力调度服务的专用通信设施的运行应符合电力调度通信管理的有关规定；

3 垃圾调配通信应保持畅通，确保进厂垃圾满足生产要求；

4 生产管理通信应保持畅通，确保生产过程的正常交流。

9.1.9 采光照明管理应符合下列规定：

1 正常照明和事故照明的供电系统应正常投入，确保照明正常；

2 焚烧厂主要出入口、通道、楼梯间等重要场所的事故照明应保持正常；

3 在主厂房、中控室、消防水泵房、高低压配电室、通信机房等重要设施处、参观通道等场所安装的应急照明保持正常；

4 烟囱上面的飞行标志障碍灯应正常运行；

5 门窗、屋面采光带等应完好无损，确保自然采光正常。

9.2 维护保养

9.2.1 发电系统的维护保养应符合下列规定：

1 应巡检发电机本体及励磁装置等设备，检查设备运行温度、振动、声音、气味是否正常，交流励磁机励磁碳刷的磨损、卡簧压力，各接线端子是否有松动，通风孔、滤网是否有堵塞，设备表面的清洁度等；

2 应巡检发电机 CT、PT、中性点接地电抗器、避雷器、励磁封闭母线及发电附属设备等；

3 应定期对碳刷电流进行测试，做好测试记录；

4 应定期对发电机本体做全面检查，并测试发电机滑环、碳刷、端盖、封闭母线及引出线封母罩、CT、励磁小间设备等的温度、轴电压，并应做好测试记录。

9.2.2 变电系统的维护保养应符合下列规定：

1 应定期巡检变压器及保护装置，检查温控器、冷却器、风扇电机、变压器本体声音是否正常，检查油浸式变压器的储油柜及油位、瓦斯继电器等；

2 应定期检查厂用变压器的电缆接头有无爬电和异响，测量变压器温度，并应做好记录；

3 应定期检查测量主变压器的油温和绕组温度，并应做好记录；

4 应定期做油浸变压器冷却器电源切换试验，干式变压器冷却风扇启动试验，并应做好试验记录；

5 应定期清扫干式变压器滤网；

6 应定期测量变压器接头、器身、夹件温度，并应做好测试记录；

7 应定期对主变压器油进行一次油质测试分析，并应做好测试记录。

9.2.3 并网系统的维护保养应符合下列规定：

1 应巡检高压开关柜各种指示是否正常，有无异常报警，柜体各种电气设备有无发热现象，运转声音是否正常；

2 应定期对 GIS 室进行通风情况检查，对 SF6 开关气体进行压力检查，对避雷器进行动作检查；

3 应定期对电力调度通信设备进行检查，检查服务器、交换机、路由器是否正常，检查屏内是否有异物和异味；

4 应定期对高压断路器操作压缩空气罐排水、排油；

5 应定期对 SF6 断路器、高压隔离开关进行全面检查，检查高压套管及均压环、引线接头、机构箱、操作机构电机、SF6 压力表、密度继电器及连接管路、接地情况等；

6 应定期进行 SF6 断路器、高压隔离开关、设备载流导体元件接头、引线等设备温度测试；

7 应定期对 10kV 及以上架空线路进行巡视检查，检查杆塔、横担和金具线路、绝缘子、防雷装置、拉线等。

9.2.4 厂用电系统的维护保养应符合下列规定：

1 应巡检厂用电系统高压变频器、高压开关柜、低压配电柜、电动机等设备，检查开关柜、配电柜各种状态指示是否正常，检查电动机的振动、温度、油位是否正常；

2 应定期检查电动机电接线盒、接地线、地脚螺栓、对轮及对轮罩等；

3 应定期进行交流电动机绝缘试验，并应做好试验记录；

4 应定期检查电缆夹层、竖井、电缆隧道，电缆及电缆中间头、终端头。

9.2.5 直流系统的维护保养应符合下列规定：

1 应巡检蓄电池室（柜）及设备，检查蓄电池室（柜）通风、照明及消防设备是否完好，温度应符合要求，无易燃、易爆物品，运行监视信号完好、指示正常，自动空气开关位置正确；

2 应定期对蓄电池室（柜）进行清扫，保持干净、干燥，并应检查各连片连接是否牢靠，端子应无生盐，并涂有中性凡士林；

3 应定期对充电装置输出电压和电流精度、整定参数、指示仪表进行校对，并应对绝缘进行测试，做好记录；

4 应定期充放电试验，并应做好试验记录。

9.2.6 应急电源系统的维护保养应符合下列规定：

1 应巡检柴油发电机间，应保持通风良好，照明充足，无妨碍运行的杂物，各仪表显示正常，加热器运行正常；

2 应定期对发电机间及设备进行清扫，清洗过滤网；

3 应定期检查润滑油油位、冷却液液位，调整柴油发电机皮带松紧度；

4 应定期进行绝缘测试；

5 应定期进行柴油发电机空载启动试验；

6 应定期对 UPS 电源进行交直流电源切换；

7 应定期进行柴油发电机的联动试验。

9.2.7 通信系统的维护保养应按照设备厂家提供的技术要求进行维护保养，确保通信畅通。

9.2.8 采光照明维护保养应符合下列规定：

1 应巡检正常照明和事故照明的供电系统，确保照明系统正常供电；

2 应巡检焚烧厂的主要出入口、通道、楼梯间等重要场所的事故照明，确保照明正常；

3 应巡检中控室，高低压配电室等主厂房重要场所、参观通道等场所安装的照明，确保照明正常；

4 应巡检照明灯具、窗户、室内采光带等，亮度不够或损坏时及时处理。

10 热工仪表与自动化系统

10.1 运 行

10.1.1 热工仪表与自动化系统应检测准确、运行可靠。

10.1.2 热工自动化设备应保持整洁、完好，标志牌和铭牌应正确、清晰、齐全。

10.1.3 操作开关、按钮、操作器及执行机构手轮等操作装置应有明显的开、关方向标志，并应保持操作灵活、可靠。

10.1.4 运行中仪表自动化设备应加强监控，出现故障应及时处理；不能在短时间排除故障时，应退出自动系统，投入手动或备用系统，保证工艺系统设备的安全运行。

10.1.5 对热工保护、连锁系统应进行定期检查、试验，热工保护投入退出必须进行申请并获批准后才能执行此操作。

10.1.6 热工参数应设置正确。热工仪表及自动化系统内部参数应根据相关权限管理规定执行，不得擅自调整，并应做好记录。

10.1.7 计算机控制系统的软件、数据库要定期备份，并应按有关规定分级建档管理，长期保存。

10.1.8 应根据实际需要，配置适量标准仪表和备用仪表设备。

10.1.9 计量等级不应低于二级计量水平。

10.1.10 应有完善的计量管理制度，标准计量仪表和现场工作仪表应按计量管理相关法规进行分类管理、周期检定，在检定有效期内使用。检定合格证应贴在仪表的适当位置。检定校验原始记录应妥善保管，长期保存。

10.1.11 应建立完善的信息化管理系统，包括从生产控制自动化、管理信息化到综合决策信息化，并应加强控制自动化与管理信息化有效结合，实现信息一体化。

10.1.12 烟气排放连续监测系统（CEMS）及废水在线监测系

统应委托有资质的单位定期校核、标定，并宜与有关监督管理部门联网，按需要进行比对试验。

10.1.13 热工仪表及自动化的各类设备台账、I/O清册、运行、维护记录等技术资料应齐全，分类保管。

10.2 维 护 保 养

10.2.1 控制系统的维护保养应符合下列规定：

1 工程师站应仅安装专用软件，拷贝盘应专用，防止电脑病毒带入；

2 电源系统、各个模件指示灯和风扇，应处于正常运行状态，发现问题应及时处理；

3 计算机控制系统控制柜的环境温度和湿度应符合制造厂要求；

4 操作员站、工程师站、服务站和控制站的运行状态应无异常，各冗余设备应处于热备用状态；

5 应定期检查操作员站、工程师站和服务站硬盘，并删除垃圾文件或清理电脑文件，确保硬盘有足够的空间；

6 应定期对连锁保护进行试验，并应做好试验记录；

7 应定期进行口令更换并妥善保管。

10.2.2 检测仪表与装置的维护保养应符合下列规定：

1 应定期巡检仪表是否正常显示，管路、阀门、接头是否有泄漏，合格证、挂牌是否有脱落，发现缺陷应及时进行处理，并应做好缺陷处理记录；

2 应定期清扫仪表及附件，保持整洁；

3 应定期对压力、差压变送器进行排污调零；

4 应定期对检测仪表进行在线抽检，不满足测量精度的仪表应即时进行校准或更换，并做好抽检记录；

5 应及时更换标准液、标准气、样气等，避免使用过期样品。

10.2.3 执行机构与装置的维护保养应符合下列规定：

1 应巡检设备，检查执行器的动作灵活性，电机运转的声音是否正常，开关方向的标志，挂牌是否清晰、完整；

2 应定期应揭盖检查，电线接头、插头、插座是否有松头，气动执行机构的阀门定位器的气源接头是否有泄漏，齿轮、轴承的润滑情况；

3 应定期应对气动执行机构的气源进行排水、排油，并应对执行器清扫，保持干净整洁；

4 应定期对执行器电气零点调准、灵敏度进行调整；

5 应定期对执行机构和调节阀门进行全面检查，并应进行系统调校；

6 应根据使用环境不同，定期对执行器的传动部位加润滑油。

10.2.4 共用系统及辅助仪表与装置的维护保养应符合下列规定：

1 应巡检取源部件，确保其无堵塞、无泄漏，外露部分的保温完好；

2 应巡检机柜，确保温度正常、各部位接线牢固，室外机柜防雨措施应良好；

3 应定期对仪表用压缩空气进行排水、排油；

4 应定期对测量管路进行吹扫，以防堵塞，对汽水测量系统的管路排污；

5 应定期对接地电阻进行测试，并做好测试记录；

6 应定期巡检电缆线路和穿墙套管，确保其固定牢固；

7 应定期对不间断电源进行充放试验，进行电源切换试验，并做好试验记录；

8 寒冷季节中应经常巡检伴热管路，管路保温、伴热带和加热器等防冻措施应完好，并应及时消除过热或不加热故障。

10.2.5 烟气在线监测系统（CEMS）的维护保养应符合下列规定：

1 应巡检 CEMS 系统，观察烟气组分参数是否正常，伴热管的保温是否正常，接头的密封是否完好，管路是否漏气，检查数据传输是否正常，并正确填写巡检记录；

2 应对压缩空气管路进行吹扫、排水、排油；

3 应定期用高纯氮气（纯度为 99.999%）对分析仪进行零点标定，对烟气小室进行清扫；

4 应定期用标准样气对分析仪进行标定，并应填写标定记录；

5 应定期对 CEMS 进行全面检查，重点检查取样探头，清洗取样探头过滤器，吹扫取样管线。

11 化学监督与金属监督

11.1 运　行

11.1.1 化学监督与金属监督运行应包括化验室管理、生活垃圾和炉渣检测、水汽质量监督、危险化学品管理、油质监督、六氟化硫电气设备气体监督、金属监督等。

11.1.2 化验室管理应符合下列规定：

1 应建立化验室管理规程，并严格执行；

2 各种仪器、设备、标准试剂及检测样品应按其特性及使用要求固定摆放整齐，并应有明显的标志；

3 样品应按时检测，对检测的原始数据和化验结果报告应予复审；每一个检测项目都应有完整的原始记录；

4 化验室应配置各种安全防护用具；

5 化验检测完毕，应对仪器开关、水、电、气源等进行关闭检查；

6 化验产生的废弃物应妥善处置。

11.1.3 化验过程中的烘干、消解、使用有机溶剂和强挥发性试剂等操作必须在通风橱内进行。严禁使用明火直接加热有机试剂。

11.1.4 生活垃圾、炉渣的检测应符合下列规定：

1 宜每月一次对入厂、入炉垃圾进行组分分析与热值分析；

2 应加强焚烧炉渣检测，至少每天每炉进行一次炉渣热灼减率分析。

11.1.5 水汽质量监督应符合下列规定：

1 应根据机组形式、参数和水处理方式等实际情况规定水汽质量监督的项目、次数和机组启动、运行的水汽质量标准；

2 应根据水汽质量监督结果对系统工况进行必要调整；

3 当水汽质量异常时，除增加化验次数外，还应留样做重点分析；

4 当补给水质量不合格时，应及时处理，必要时切换到备用设备；

5 应监督循环冷却水质量，防止凝汽器腐蚀和结垢；

6 应加强供热管理，监督回水质量，防止因回水质量不合格影响锅炉水质；

7 应加强疏水质量管理，不合格时，未经处理不得直接进入系统。

11.1.6 危险化学品管理必须符合《危险化学品安全管理条例》（国务院令第 591 号）的有关规定。

11.1.7 油质监督应符合下列规定：

1 应及时、准确地对新油和运行中油进行监督，确保用油质量，提高用油设备运行的安全性和经济性；

2 应采取措施防止油质劣化，保证发供电设备安全运行；

3 应根据实际情况确定油质监督的检验项目和检验周期；

4 变压器油和汽轮机油质量异常时，应及时处理；

5 设备进行补油或混油时，应按现行国家标准《运行中变压器油质量》GB/T 7595 和《电厂运行中矿物涡轮机油质量》GB/T 7596 执行。

11.1.8 应及时、准确地对辅助燃料进行质量监督，确保锅炉安全、经济运行。

11.1.9 六氟化硫电气设备气体监督应按现行行业标准《六氟化硫电气设备气体监督导则》DL/T 595 有关规定执行。

11.1.10 应根据设备状况，进行必要的金属监督。

11.2 维护保养

11.2.1 化验室仪器应由国家法定计量部门作技术检验、校核合格，并在检验合格证有效期内使用；化验室仪器及附属设备应进行维护和妥善保管。

11.2.2 精密仪器的电源应安装电子稳压器。不应随意搬动大型检测分析仪器，必须搬动时应做好记录；搬动后应经过国家法定计量部门检定合格后方能使用。各种精密仪器和贵重器皿应专人专管，使用前应认真填写使用登记表，应按规定认真操作。

11.2.3 应巡检在线分析仪、加药设备、取样和排污装置等，确认其处于正常状态。

11.2.4 化验室环境应符合下列规定：

　　1 化验室内应保持整洁、干净；

　　2 化验室应防止颗粒物、振动、噪声、烟雾、电磁辐射等环境因素对分析检验工作的影响和干扰；

　　3 化验室通风、照明和能源等应满足化验要求。

12 公用系统及建（构）筑物的维护保养

12.1 公用系统运行

12.1.1 公用系统宜由供水系统、除盐水系统、生活污水系统、生产废水系统、压缩空气系统、空调通风与供暖系统等组成。应主要实现焚烧厂的供水、排水，余热锅炉给水和压缩空气供应等功能。

12.1.2 应对生产供水水质进行监督，必要时进行适当的预处理，确保水质合格。

12.1.3 除盐水制备系统运行应符合下列规定：

  1 除盐水系统进水水质应满足相关要求；

  2 经过处理的除盐水水质应符合现行国家标准《火力发电机组及蒸汽动力设备水汽质量》GB/T 12145 的有关规定。

12.1.4 应保证生活污水处理设施稳定运行，做到达标排放。

12.1.5 应加强锅炉排污水、除盐水站的酸碱中和水、循环冷却水系统排污等生产废水的管理。

12.1.6 压缩空气系统运行应符合下列规定：

  1 压缩空气系统运行应按现行国家标准《固定的空气压缩机 安全规则和操作规程》GB 10892 执行，焚烧厂应制定本企业的压缩空气系统运行规程；

  2 当压缩空气系统运行时，不应使用易燃液体清洗阀门、过滤器、冷却器的气道、气腔、空气管道，以及正常条件下与压缩空气接触的其他零件；

  3 应监控排气温度、润滑油压、冷却水流量、电机电流等运行参数；

  4 仪表压缩空气应经过高效过滤器、干燥机，质量应符合要求；

5 保护和报警装置应正常工作，确保空压机性能良好、运行安全。

12.1.7 应制定空调、通风与供暖公用设施的运行办法，并应严格执行。

12.2 公用系统维护保养

12.2.1 应巡检水池、水塔、水箱等储水设施，确保无堵塞、溢流、变形、渗漏等现象，确保水位正常。

12.2.2 应巡检水泵等转动机械设备的维护，并应符合下列规定：

1 应确保轴承、电机温度和电流正常，无摩擦，无异常振动，水泵盘根无大量漏水，仪表指示正确，润滑良好；

2 应做好水泵切换运行和润滑加油等定期工作；

3 长期停运的水泵，应关闭水泵进、出口阀门，将水泵内积水排尽。

12.2.3 应巡检管道、阀门及附件，确保无跑、冒、滴、漏现象；及时更换腐蚀、漏水的管道、阀门及设备。

12.2.4 除盐水系统的维护应符合下列规定：

1 应巡检过滤器，确保各进出口水阀、空气阀处于正常位置，设备运行正常；

2 采用膜处理方式进行除盐水制备的，应每 2h 巡检膜元件，确保产水量、工作压力、工作温度等参数指示正常，并应做好超滤膜、反渗透膜等装置的定期反洗工作，确保装置安全运行；

3 除盐水制备系统应按照设备制造厂的要求进行维护保养。

12.2.5 压缩空气系统的维护保养应符合下列规定：

1 应巡检空压机，无漏油、漏水、漏风现象，确保保护罩完好，各紧固件连接良好无松动，轴承温度、振动正常，并做好空压机的定期切换工作；

2 应巡检干燥机、过滤器，确保其正常工作；

3 每天不应少于一次对储气罐底部进行排污。

12.3 建（构）筑物维护保养

12.3.1 建筑物维护保养应符合下列规定：

1 应及时对建筑物进行维修保养，加强隔离、密封、防水、保温、隔热、采光等功能维护，保持建筑物的外表整洁、美观；

2 不应擅自更改承重墙，不应人为撞击承重构件。

12.3.2 构筑物维护保养应符合下列规定：

1 垃圾池宜三年清理一次，并应全面维护保养；

2 各类水池、供水塔、冷却水塔、油库应每年清淤、清洗一次，并应做必要的防渗等维护保养；

3 应保持烟囱外表清洁，并应保持厂门、围墙的整洁。

12.3.3 钢结构的维护保养应符合下列规定：

1 对钢结构各系统及构件应每年进行一次检查，发现问题应及时处理；

2 不应擅自更改结构，不应拆卸任何螺栓构件；

3 当发现钢结构构件的防腐油漆表面有老化、变质和剥落时，应及时除锈补漆，有防火涂料的应及时补涂防火涂料；

4 钢结构厂房外观应根据清洁程度进行外墙清洗，屋面应每年清洗一次，保证排水顺畅。

13 炉渣收集与输送系统

13.1 运　　行

13.1.1 炉渣应与飞灰分别收集、输送，并及时清运。

13.1.2 炉渣抓斗起重机必须经地方特种设备监督部门监测合格，并应在许可的有效期内使用。

13.1.3 输送机、除铁器、破碎机、振动筛分装置等应连接完好、运转正常、无堵塞、漏渣。

13.1.4 应确保电气、仪表、连锁保护运行良好。

13.1.5 应尽量减少或避免炉渣带水。

13.1.6 当炉渣热灼减率不合格时，该批炉渣不宜直接出厂。

13.1.7 炉渣运输车辆在运输过程中应密闭，避免遗撒。

13.1.8 应做好炉渣量、炉渣运输车辆信息的记录、存档工作。

13.1.9 炉渣厂内综合利用应满足其安全、环保等相关规定。

13.1.10 炉渣外运处理应满足相关安全、环保要求。

13.2 维 护 保 养

13.2.1 应巡检炉渣输送机械，确保托辊、驱动装置、输送带、清扫装置、支架等处于正常状态。

13.2.2 应巡检除铁器，各运转部分转动灵活，减速器运转平稳，各密封处不应漏油，确保吸、卸铁功能正常。

13.2.3 应巡检破碎机、振动筛分装置，确保出料粒度符合要求，无异响，无严重振动，运行平稳。

13.2.4 炉渣抓斗起重机维护保养应符合下列规定：

　　1 应巡检抓斗，确保表面无裂纹，吊具完整可靠，钢丝绳无断股、断丝或扭结；

　　2 应巡检梁、轨道，如发现有裂纹、变形，应停止使用；

3 应巡检大车、小车、提升机构，确保其动作灵活、无异响、功能正常；

4 应巡检机械、电气保护装置，确保其位置正确、动作灵敏、安全可靠；

5 应定期给钢丝绳、轴承、减速器等加油，确保其润滑良好。

14 飞灰处理系统

14.1 运 行

14.1.1 当垃圾焚烧飞灰送第三方单位处置时，运输、转移、处理和处置全过程应执行转移联单制度。

14.1.2 飞灰收集、输送及储存的运行应符合下列规定：

    1 应确保系统保温、加热装置、振打装置运行正常，密封良好，防止飞灰受潮、板结、搭桥；

    2 使用气力输灰时，应监控仓泵进气压力等运行参数，确保仓泵及其管路系统无堵塞；

    3 应按相关要求做好飞灰运输和计量等记录、存档工作。

14.1.3 飞灰进入生活垃圾填埋场处置，应符合现行国家标准《生活垃圾填埋场污染控制标准》GB 16889 的规定；如进入水泥窑处置，应符合国家现行标准《水泥窑协同处置固体废物污染控制标准》GB 30485 和《水泥窑协同处置固体废物环境保护技术规范》HJ 662 的规定。

14.1.4 飞灰稳定化处理的运行应符合下列规定：

    1 飞灰混炼机、螺旋输送机应密封良好，无漏灰、漏液现象；

    2 计量装置应运行正常、计量准确；

    3 确保飞灰稳定化产物符合现行国家标准《生活垃圾填埋场污染控制标准》GB 16889 中的相关规定。

14.1.5 飞灰作业必须配备卫生防护器具，作业人员不得与飞灰直接接触。

14.2 维 护 保 养

14.2.1 机械输灰设备的维护保养应符合下列规定：

1 应巡检机械输灰设备，确保驱动及传动装置运行良好，确保密封状态良好，防止积灰、结垢；

2 应巡检卸灰阀，确保其密封可靠，无泄漏、无异响、动作灵活；

3 应巡检飞灰仓料位计、除尘设施、保温、加热和振打装置，确保仓内无积灰、板结、外漏、架空；

4 应巡检计量装置，确保计量准确；

5 应定期更换易磨、易损部件；

6 系统停运后，应及时清理机械输灰设备，防止积灰。

14.2.2 气力输灰设备的维护保养应符合下列规定：

1 应巡检飞灰仓泵，确保进料装置、计量装置、除尘设备、加热装置、泵体等运行正常，无泄漏、无堵塞；

2 应巡检管道、阀门，确保无泄漏、无堵塞；

3 应定期更换易磨、易损部件；

4 系统停运后，应及时吹扫仓泵、管道积灰。

14.2.3 飞灰稳定化处理设备的维护保养应符合下列规定：

1 应巡检混炼机、螺旋输送机，确保密封良好，无漏灰、漏液；

2 应巡检计量装置，确保计量准确；

3 应及时巡检、清理易结垢部位，防止积灰、结垢。

15 渗沥液处理系统

15.1 运 行

15.1.1 当渗沥液通过污水管网或采用密闭输送方式送至采用二级处理方式的城市污水处理厂处理时，应符合现行国家标准《生活垃圾焚烧污染控制标准》GB 18485 的有关规定。

15.1.2 渗沥液厂内处理系统运行应包括预处理系统、生化处理系统、膜处理系统、污泥处理系统、沼气处理和恶臭防治系统等。

15.1.3 预处理系统运行应符合下列规定：

1 应及时清理栅渣，保障沥水通畅。清除的栅渣，宜送至垃圾池，最终焚烧处置。

2 初沉池、调节池应定期排泥。

3 应每天 1 次对预处理系统的进出水水质进行检测。

15.1.4 生化处理系统运行应符合下列规定：

1 厌氧反应器的运行应符合下列规定：

　　1）应选择类似废水的厌氧污泥作为接种污泥；

　　2）应根据运行工况及时调整反应器污泥负荷和容积负荷，保持稳定的运行条件；

　　3）应每天 1 次对进出水 COD、SS 等指标进行检测。

2 硝化池的运行应符合下列规定：

　　1）硝化池启动应选择类似废水的好氧污泥作为接种污泥；

　　2）应根据运行工况及时调整硝化池运行工况，保持稳定的运行条件；

　　3）应及时解决曝气过程中产生的泡沫、浮泥等异常现象；

　　4）应每天 1 次对进、出水 COD、SS、pH 值等指标进行检测；应每班 1 次对污泥沉降比（SV）和溶解氧进行检测；应定期检测氮、磷、MLSS、MLVSS、SVI 等项目。

    3 反硝化池的运行应符合下列规定：

        1）反硝化池启动应选择类似废水的厌氧污泥作为接种污泥；

        2）反硝化池应与硝化池同步启动；

        3）反硝化池混合液溶解氧浓度宜调节适当。

15.1.5 膜处理系统的运行应符合下列规定：

    1 启动前应对膜处理系统进行全面检查，并应做必要的调整、清理、试验，确认具备启动条件；

    2 应对膜处理系统的运行工况做必要的记录、检测、监控、调节；

    3 超滤系统的浓缩液和纳滤/反渗透浓缩液均应妥善处理。

15.1.6 渗沥液处理系统产生的污泥应妥善处理。

15.1.7 沼气处理和恶臭防治系统运行应符合下列规定：

    1 应防治渗沥液处理系统的恶臭污染；

    2 应在线监测沼气浓度，发现异常及时处理。

15.2　维护保养

15.2.1 维护人员应定期巡检渗沥液处理系统设施、设备。

15.2.2 维护人员应及时维护、保养渗沥液处理系统的格栅、搅拌器、布水器、曝气装置等设备，及时清理污垢、杂物、积水、积泥。

15.2.3 维护人员应及时采用适宜的清洗方法对膜进行清洗和消毒。

15.2.4 维护人员应及时清除污泥浓缩池的浮渣，保持污泥处理设施、设备清洁。

15.2.5 沼气处理和恶臭防治系统作业时，必须严格执行动火工作票和监护制度，确认作业现场的沼气浓度满足安全要求，及时维护、保养沼气处理和恶臭防治系统设施、设备。

16 安全、环境与职业健康

16.1 安 全 管 理

16.1.1 焚烧厂运行、维护应建立并落实安全生产制度。

16.1.2 焚烧厂应对运行、维护人员进行安全生产教育和培训。

16.1.3 焚烧厂应制定运行、维护和安全管理规章制度和劳动保护制度。并应每年至少一次对其有效性进行检查、评估和完善。应每隔 3 年～5 年对相关制度进行全面修订。

16.1.4 焚烧厂应建立健全运行、维护事故隐患排查治理制度，明确事故隐患排查管理职责，保证排查治理所需资金，定期组织实施排查，建立事故隐患信息档案。明确"查找—评估—报告—治理/控制—验收—销号"的闭环管理流程，并应符合下列规定：

　　1 应保证事故隐患排查治理所需的资金，建立资金使用专项制度；

　　2 应落实责任人，做到全员、全过程、全方位涵盖与生产经营相关的场所、环境、人员、设备设施和各个环节，积极开展隐患排查工作；

　　3 应定期组织排查事故隐患，对排查出的事故隐患，应按事故隐患的等级进行登记，建立事故隐患信息档案，并应按职责分工实施监控治理；

　　4 对于一般事故隐患，应由焚烧厂责任人立即组织整改；

　　5 对于重大事故隐患，应由焚烧厂主要负责人组织制定并实施事故隐患治理方案；

　　6 对于因自然灾害可能导致的事故隐患，应排查治理，采取可靠的预防措施，制定应急预案。

16.1.5 焚烧厂应配置相关规范要求的安全标志、安全工器具、安全设备设施、安全防护装置。

16.1.6 焚烧厂应建立安全事故应急救援体系，定期进行应急演练。

16.1.7 焚烧厂应建立健全安全生产事故处理机制，并应符合下列规定：

　　1 发生事故后，应组织有关力量进行救援，防止事故扩大，最大限度地减少事故损失；

　　2 应及时、如实向安全生产监督管理部门报告；

　　3 应按规定成立事故调查组，明确其职责和权限，进行事故调查或配合有关部门进行事故调查；

　　4 应按事故调查报告意见，认真落实整改措施，严肃处理相关责任人。

16.1.8 焚烧厂应建立重大危险源管理制度，对生产系统和作业活动中的各种危险、有害因素可能产生的后果进行全面辨识与评估，登记建档，采取有效的管理措施和技术措施对重大危险源实施监督管理，做到安全保护装置齐全有效，及时消除设备和系统存在的缺陷。

16.1.9 焚烧厂应对焚烧厂余热锅炉、压力容器、起重机械、电梯等特种设备，建立特种设备运行、维护和安全管理制度。

16.1.10 焚烧厂应建立健全消防管理机制，落实消防安全责任制。制定消防安全制度和操作规程，按照国家和行业标准配置消防设施设备和器材，定期组织消防演练和防火检查。

16.1.11 焚烧厂应按特种设备管理要求，定期校验、标定安全阀。

16.1.12 维护人员应观测焚烧厂地基，做好记录，发现异常，应按有关规定处理。

16.1.13 维护人员应对全厂主要道路、建（构）筑物、重要护坡、山岩及河床点等，设置巡检标志点和观测点，并加以保护。

16.1.14 维护人员应巡检、观测、记录各标志点和观测点，观测有无位移、裂缝、沉降、倾斜、腐蚀、变形等现象，若发现严重异常，应按有关规定维护。

16.1.15 每年防汛期间，应对重要的护坡、挡土墙、山岩、河流、排水沟、排洪沟、消防通道等专门巡检，发现问题立即整改。

16.1.16 焚烧厂建（构）筑物不应超载使用，不应随意破坏。

16.2 环境保护一般规定

16.2.1 焚烧厂应建立环境保护责任制，明确焚烧厂负责人和相关人员的责任。

16.2.2 治理烟气、飞灰、渗沥液、污水、恶臭、噪声等污染的环保设施应作为焚烧厂生产设施的组成部分，同时运行和维护。

16.2.3 焚烧厂应建立环境污染隐患排查治理制度，加强环境污染隐患的监督管理。

16.2.4 焚烧厂应建立突发环境事件应急预案，并报环境保护主管部门和有关部门备案。应急预案应包含突发环境事件的风险控制、应急准备、职责、工作流程、应急处置和事后恢复工作等内容。

16.2.5 焚烧厂应建立各项污染物排放监测管理体系，制定污染物排放监测管理制度，按照国家规定和监测规范安装和使用监测设备，保证监测设备正常运行，保存原始监测记录，按规定公开监测数据。

16.2.6 焚烧厂应保持厂区环境的整洁、卫生，标识标志规范、清晰，加强厂区生态环境维护。

16.3 环境保护厂级监督

16.3.1 焚烧厂在执行国家和地方污染物排放标准的同时，应遵守分解落实到本厂的重点污染物排放总量控制指标。

16.3.2 应按国家有关规定和程序如实向社会公开焚烧厂主要污染物的名称、排放方式、排放浓度和总量、是否超标排放的情况，以及防治污染设施的建设和运行情况，接受社会监督。

16.3.3 焚烧厂应落实厂级环保监督和监测工作，执行环境保护管理制度的职责。

16.3.4 烟气排放的监测管理应符合下列规定：

1 应每月校核烟气在线监测系统，确保在线监测数据真实、准确，在线监测数据应长期保存；

2 应每月校核炉膛温度检测仪表，确保炉膛主控温度测试数据准确；

3 炉膛主控温度应大于或等于 850℃、锅炉出口一氧化碳日均值不应大于 80mg/Nm³，颗粒物日均值不应大于 20mg/Nm³，确保二噁英在可控范围内；

4 中和剂和活性炭的品质应符合现行行业标准《生活垃圾焚烧厂运行监管标准》CJJ/T 212 的规定；

5 每条焚烧线烟气中二噁英含量一年应至少检测 1 次，并长期留存检测报告；

6 炉膛温度监测数据、烟气在线监测数据应在电脑上长期保存，时间不少于 3 年；

7 当焚烧炉故障或者事故持续排放污染物时间超过 4h，应按照本标准第 5.1 节相关要求停炉。

16.3.5 焚烧厂应派专人定期巡查恶臭产生区域、厂界区域、厂界外敏感区域，发现异常，应及时找出恶臭来源并采取措施。

16.3.6 焚烧厂污水排放的监测管理应符合下列规定：

1 应在线监测渗沥液处理系统出水水质指标，并跟踪渗沥液系统浓液处理情况；

2 污水排放在线监测系统应定期校核，确保在线监测数据准确，在线监测数据应长期保存；

3 不能进行在线监测的污水排放指标应定期取样并及时送检测机构检测；

4 应加强系统巡检，发现问题及时处理，确保系统正常。

16.3.7 焚烧厂应建立飞灰台账，如实记录飞灰的产生、储存、转移、处理和处置情况，并依法向当地环保部门申报。

16.3.8 焚烧厂应派专人定期巡查噪声产生区域、厂界区域以及厂界外敏感区域，发现异常应及时采取措施。

16.4 职 业 健 康

16.4.1 焚烧厂应制定运行、维护职业健康管理制度。

16.4.2 焚烧厂应进行运行、维护职业危害因素识别。

16.4.3 焚烧厂应实施运行、维护职业危害告知制度。

16.4.4 焚烧厂应建立运行、维护职业危害申报制度。

16.4.5 焚烧厂应建立运行、维护职业健康宣传教育培训制度、职工防护用品管理制度、岗位职业健康操作规程。提高职工自我保护的意识和能力，督促职工遵守操作规程，正确使用防护用品。

16.4.6 焚烧厂应建立运行、维护职业危害防护设施维护检修制度。

16.4.7 焚烧厂应建立运行、维护职业危害日常监测管理制度，对作业场所存在的粉尘类、化学因素类和物理因素类危害因素和危害点进行辨识，应专人负责日常监测，保证监测系统处于正常工作状态，监测结果及时向从业人员公布；并委托有资质的单位每年至少进行一次职业危害因素检测，每三年至少进行一次职业危害现状评价。

16.4.8 焚烧厂应建立运行、维护职工职业健康监护档案管理制度，落实职工职业健康检查、职业健康监护档案管理工作。

16.4.9 焚烧厂应建立运行、维护定期灭虫消杀制度和公共卫生事件防疫制度。

附录 A 焚烧厂工作票格式

A. 0. 1 焚烧厂热力机械工作票宜包括下列内容：

单位（车间）：_____ 编号：_____

1 工作负责人（监护人）：_____ 班组：_____

2 工作班人员（不包括工作负责人）：_____共_____人。

3 工作任务：

工作地点及设备双重名称	工作内容

4 计划工作时间：

自_____年_____月_____日_____时_____分

至_____年_____月_____日_____时_____分

5 安全措施（必要时可附页绘图说明）：

	检修工作要求工作许可人员执行的安全措施	已执行
1		
2		
3		
4		
5		
6		
7		
8		
9		
10		

检修工作要求检修人员自行执行的安全措施（由工作负责人填写）		已执行	已恢复
1			
2			
3			

工作地点注意事项（由工作票签发人填写）	补充工作地点安全措施（由工作许可人填写）

工作票签发人签名：＿＿＿＿＿＿＿＿ 签发日期：＿＿＿年＿＿＿月＿＿＿日＿＿＿时＿＿＿分

6 收到工作票时间：＿＿＿年＿＿＿月＿＿＿日＿＿＿时＿＿＿分

运行值班负责人签名：＿＿＿＿＿＿＿ 工作负责人签名：＿＿＿＿＿

7 工作许可：

确认本工作票 1～6 项

许可工作时间：自＿＿＿＿年＿＿＿＿月＿＿＿＿日＿＿＿时＿＿＿分

至＿＿＿＿年＿＿＿＿月＿＿＿＿日＿＿＿时＿＿＿分

工作许可人签名：＿＿＿＿＿＿＿＿ 工作负责人签名：＿＿＿＿＿＿

8 工作中存在的主要危险点及预控措施：

序号	工作中存在的危险点分析	相应的预控措施

9 确认工作负责人布置的工作任务、安全措施以及危险点告知。

工作班组人员签名：＿＿＿＿＿＿＿＿＿＿＿＿＿＿＿＿＿＿＿

＿＿＿＿＿＿＿＿＿＿＿＿＿＿＿＿＿＿＿＿＿＿＿＿＿＿＿＿＿

＿＿＿＿＿＿＿＿＿＿＿＿＿＿＿＿＿＿＿＿＿＿＿＿＿＿＿＿＿

10 工作人员变动情况：

1）原工作负责人＿＿＿＿＿＿＿离去，变更＿＿＿＿＿＿＿为工作负责人。

工作票签发人签名：_____ ___年___月___日___时___分

工作许可人签名：_____ ___年___月___日___时___分

2）连续或连班作业工作负责人的相互接替。

原工作负责人	现工作负责人	生效时间				工作票签发人
		月	日	时	分	

3）工作班人员变动。

原工作班人员_____离去，增加_____为工作班成员。

___年___月___日___时___分

工作票负责人签名：_____ ___年___月___日___时___分

11　工作票延期：

有效期延长到___年___月___日___时___分

工作负责人签名：_____ ___年___月___日___时___分

工作许可人签名：_____ ___年___月___日___时___分

12　工作票终结：全部工作于_____年___月___日___时___分结束，设备及安全措施已恢复至开工前状态，工作人员已全部撤离，材料、工具、场地已清理完毕。

工作负责人签名：_____工作许可人签名：_____

13　备注：

1）指定专职监护人：_____负责监护_____

_____（地点及具体工作）

    2）其他事项_____

A. 0. 2　焚烧厂热控工作票宜包括下列内容：

    单位（车间）：_____编号：_____

    1　工作负责人（监护人）：_____班组：_____

    2　工作班人员（不包括工作负责人）：_____
共_____人。

    3　工作的机组及设备全称：_____

    4　工作任务：

工作地点或地段	工作内容

    5　计划工作时间：

    自_____年_____月_____日_____时_____分

    至_____年_____月_____日_____时_____分

    6　工作条件（装置及回路停运或不停运、停电或不停电）：

_____

_____

    7　需要其他专业配合的内容：

_____

_____

    8　注意事项（安全措施）：

_____

_____

_____

    9　补充安全措施（工作许可人填写）：

_____

10 工作许可：

确认本工作票1～9项

许可工作时间：_____年____月_____日____时_____分

工作许可人签名：_____工作负责人签名：_____

11 确认工作负责人布置的工作任务和安全措施：

工作班人员签名：_____

12 工作人员变动情况：

1）原工作负责人_____离去，变更_____为工作负责人。

工作票签发人签名：_____（____年____月____日____时____分）

工作许可人签名：_____（____年____月____日____时____分）

2）原工作班人员_____离去，增加_____为工作班成员。

____年____月____日____时____分

工作票负责人签名：_____（____年____月____日____时____分）

13 工作票延期：有效期延长到____年____月____日____时____分

工作负责人签名：_____（____年____月____日____时____分）

工作许可人签名：_____（____年____月____日____时____分）

14 工作票终结：全部工作于_____年____月____日____时____分结束，设备及安全措施已恢复至开工前状态，工作人员已全部撤离，材料、工具、场地已清理完毕。

工作负责人签名：_____工作许可人签名：_____

15 备注：_____

A.0.3 焚烧厂工作任务单宜包括下列内容：

单位（车间）：_____ 编号：_____

1 工作负责人（监护人）：_____ 班组：_____

2 工作班成员（不包括工作负责人）：_____共_____人

3 工作任务：

工作地点及设备双重名称	工作内容

4 计划工作时间：自___年___月___日___时___分

至___年___月___日___时___分

5 注意事项（安全措施）：

_____

_____

_____

工作签发人签名：_____签发日期___年___月___日

6 已采取的安全措施和其他安全注意事项交代（由工作许可人填写）：

_____

_____

_____

7 工作许可：

确认本工作票 1～6 项

许可工作时间：自_____年_____月_____日_____时

_____分至_____年_____月_____日_____时_____分

工作许可人签名：_____工作负责人签名：_____

8 确认工作负责人布置的工作任务和安全措施：

工作班人员签名：_____

9 工作任务单延期：有效期延长到＿＿＿＿年＿＿＿月＿＿＿日＿＿＿时＿＿＿分

工作负责人签名：＿＿＿＿＿＿＿＿＿＿＿＿＿年＿＿＿月＿＿＿日＿＿＿时＿＿＿分

工作许可人签名：＿＿＿＿＿＿＿＿＿＿＿＿＿年＿＿＿月＿＿＿日＿＿＿时＿＿＿分

10 工作票终结：全部工作于＿＿＿＿＿＿年＿＿＿月＿＿＿日＿＿＿时＿＿＿分结束，设备及安全措施已恢复至开工前状态，工作人员已全部撤离，材料、工具、场地已清理完毕。

工作负责人签名：＿＿＿＿＿＿＿工作许可人签名：＿＿＿＿＿＿＿＿＿

11 备注：

1）指定专职监护人：＿＿＿＿＿＿＿＿＿负责监护＿＿＿＿＿＿＿

＿＿＿＿＿＿＿＿＿＿＿＿＿＿＿＿＿＿＿＿＿＿＿＿＿（地点及具体工作）

2）其他事项＿＿＿＿＿＿＿＿＿＿＿＿＿＿＿＿＿＿＿＿＿＿＿＿＿

＿＿＿＿＿＿＿＿＿＿＿＿＿＿＿＿＿＿＿＿＿＿＿＿＿＿＿＿＿＿＿＿

＿＿＿＿＿＿＿＿＿＿＿＿＿＿＿＿＿＿＿＿＿＿＿＿＿＿＿＿＿＿＿＿

A.0.4 焚烧厂事故应急抢修单宜包括下列内容：

单位（车间）：＿＿＿＿＿＿＿＿＿编号：＿＿＿＿＿＿＿＿＿

1 抢修负责人（监护人）：＿＿＿＿＿＿＿班组：＿＿＿＿＿＿＿＿

2 抢修班成员（不包括工作负责人）：＿＿＿＿＿＿＿＿＿＿＿

＿＿＿＿＿＿＿＿＿＿＿＿＿＿＿＿＿＿＿＿＿＿＿＿＿＿＿＿＿＿＿＿

共＿＿＿＿＿＿人。

3 抢修任务（抢修地点和抢修内容）：＿＿＿＿＿＿＿＿＿＿

＿＿＿＿＿＿＿＿＿＿＿＿＿＿＿＿＿＿＿＿＿＿＿＿＿＿＿＿＿＿＿＿

4 安全措施：

＿＿＿＿＿＿＿＿＿＿＿＿＿＿＿＿＿＿＿＿＿＿＿＿＿＿＿＿＿＿＿＿

＿＿＿＿＿＿＿＿＿＿＿＿＿＿＿＿＿＿＿＿＿＿＿＿＿＿＿＿＿＿＿＿

＿＿＿＿＿＿＿＿＿＿＿＿＿＿＿＿＿＿＿＿＿＿＿＿＿＿＿＿＿＿＿＿

上述1～4项由抢修负责人＿＿＿＿＿＿＿＿＿根据抢修任务布

置人＿＿＿＿＿＿＿＿的布置填用。

    5 经现场勘察需补充下列安全措施：＿＿＿＿＿＿＿＿＿＿

＿＿＿＿＿＿＿＿＿＿＿＿＿＿＿＿＿＿＿＿＿＿＿＿＿＿＿＿＿

    6 经许可人（调度/运行人员）同意（＿＿月＿＿日＿＿时

＿＿分后，已执行。

    7 许可抢修开始时间：＿＿年＿＿月＿＿日＿＿时＿＿分

＿＿＿＿＿＿＿＿＿＿ 许可人（调度/运行人员）：＿＿＿

    8 抢修结束汇报：本抢修工作于＿＿年＿＿月＿＿日＿＿

时＿＿分结束。

    现场设备状况及保留安全措施：＿＿＿＿＿＿＿＿＿＿＿＿＿

＿＿＿＿＿＿＿＿＿＿＿＿＿＿＿＿＿＿＿＿＿＿＿＿＿＿＿＿＿

    抢修班人员已全部撤离，材料、工具、场地已清理完毕，事
故应急抢修单已终结。

    抢修工作负责人：＿＿＿＿＿＿＿＿＿许可人（调度/运行人
员）：＿＿＿＿＿＿＿

    填用时间：＿＿年＿＿月＿＿日＿＿时＿＿分

A.0.5 焚烧厂一级动火工作票宜包括下列内容：

    单位（车间）：＿＿＿＿＿＿＿＿ 编号：＿＿＿＿＿＿＿＿

    1 动火工作负责人：＿＿＿＿＿＿ 班组：＿＿＿＿＿＿＿

    2 动火执行人：＿＿＿＿＿＿＿＿

    3 动火地点及设备名称：＿＿＿＿＿＿＿＿＿＿＿＿＿＿＿

＿＿＿＿＿＿＿＿＿＿＿＿＿＿＿＿＿＿＿＿＿＿＿＿＿＿＿＿＿

    4 动火工作内容（必要时可附页绘图说明）：

＿＿＿＿＿＿＿＿＿＿＿＿＿＿＿＿＿＿＿＿＿＿＿＿＿＿＿＿＿

＿＿＿＿＿＿＿＿＿＿＿＿＿＿＿＿＿＿＿＿＿＿＿＿＿＿＿＿＿

    5 动火方式（可填写焊接、切割、打磨、电钻、使用喷灯
等）：＿＿＿＿＿＿＿＿＿＿＿＿＿＿＿＿＿＿＿＿＿＿＿＿＿＿

＿＿＿＿＿＿＿＿＿＿＿＿＿＿＿＿＿＿＿＿＿＿＿＿＿＿＿＿＿

    6 申请动火时间：自＿＿年＿＿月＿＿日＿＿时＿＿分

                       至＿＿年＿＿月＿＿日＿＿时＿＿分

7 允许应采取的安全措施：

_____

_____

8 检修应采取的安全措施：

_____

_____

动火工作票签发人签名：_____

签发日期：___年___月___日___时___分

消防管理部门负责人签名：_____

安监部门负责人签名：_____

发电厂（供电公司）负责人签名：_____

9 确认上述安全措施已全部执行。

动火工作负责人签名：_____ 运行许可人签名：

_____

许可时间：___年___月___日___时___分

10 应配备的消防设施和采取的消防措施、安全措施已符合要求。可燃性、易爆气体含量或粉尘浓度测定合格。

消防监护人签名：_____安监部门负责人签名：

_____

消防管理部门负责人签名：_____动火部门负责人签名：

_____

动火工作负责人签名：_____动火执行人签名：

_____

许可动火时间：___年___月___日___时___分

11 动火工作终结时间：动火工作于_____年___月___日___时___分结束，材料、工具、场地已清理完毕，现场确无残留火种，参与现场动火工作的有关人员已全部撤离，动火工作已结束。

动火执行人签名：_____消防监护人签名：_____

动火工作负责人签名：_____运行许可人签名：_____

12 备注：

1）对应的检修工作票编号（如无，填写"无"）：＿＿＿＿＿
＿＿＿＿＿＿

2）其他事项：

＿＿＿＿＿＿＿＿＿＿＿＿＿＿＿＿＿＿＿＿＿＿＿＿＿＿＿＿＿＿

＿＿＿＿＿＿＿＿＿＿＿＿＿＿＿＿＿＿＿＿＿＿＿＿＿＿＿＿＿＿

A.0.6 焚烧厂二级动火工作票宜包括下列内容：

单位（车间）：＿＿＿＿＿＿＿　编号：＿＿＿＿＿＿＿

1 动火工作负责人：＿＿＿＿＿＿＿　班组：＿＿＿＿＿＿

2 动火执行人：＿＿＿＿＿＿＿＿＿

3 动火地点及设备名称：＿＿＿＿＿＿＿＿＿＿＿＿＿＿＿

＿＿＿＿＿＿＿＿＿＿＿＿＿＿＿＿＿＿＿＿＿＿＿＿＿＿＿＿＿＿

4 动火工作内容（必要时可附页绘图说明）：

＿＿＿＿＿＿＿＿＿＿＿＿＿＿＿＿＿＿＿＿＿＿＿＿＿＿＿＿＿＿

＿＿＿＿＿＿＿＿＿＿＿＿＿＿＿＿＿＿＿＿＿＿＿＿＿＿＿＿＿＿

5 动火方式（可填写焊接、切割、打磨、电钻、使用喷灯
等）：＿＿＿＿＿＿＿＿＿＿＿＿＿＿＿＿＿＿＿＿＿＿＿＿＿＿＿

＿＿＿＿＿＿＿＿＿＿＿＿＿＿＿＿＿＿＿＿＿＿＿＿＿＿＿＿＿＿

6 申请动火时间：自＿＿年＿＿月＿＿日＿＿时＿＿分
　　　　　　　　　至＿＿年＿＿月＿＿日＿＿时＿＿分

7 允许应采取的安全措施：

＿＿＿＿＿＿＿＿＿＿＿＿＿＿＿＿＿＿＿＿＿＿＿＿＿＿＿＿＿＿

＿＿＿＿＿＿＿＿＿＿＿＿＿＿＿＿＿＿＿＿＿＿＿＿＿＿＿＿＿＿

8 检修应采取的安全措施：

＿＿＿＿＿＿＿＿＿＿＿＿＿＿＿＿＿＿＿＿＿＿＿＿＿＿＿＿＿＿

＿＿＿＿＿＿＿＿＿＿＿＿＿＿＿＿＿＿＿＿＿＿＿＿＿＿＿＿＿＿

动火工作票签发人签名：＿＿＿＿＿＿＿＿＿

签发日期：＿＿年＿＿月＿＿日＿＿时＿＿分

消防人员签名：＿＿＿＿＿＿安监人员签名：＿＿＿＿＿＿＿＿

动火部门负责人签名：_____

9 确认上述安全措施已全部执行。

动火工作负责人签名：_____ 运行许可人签名：_____

许可时间：___年___月___日___时___分

10 应配备的消防设施和采取的消防措施、安全措施已符合要求。可燃性、易爆气体含量或粉尘浓度测定合格。

消防监护人签名：_____安监人员签名：_____

动火工作负责人签名：_____动火执行人签名：_____

许可动火时间：___年___月___日___时___分

11 动火工作终结时间：动火工作于_____年___月___日___时___分结束，材料、工具、场地已清理完毕，现场确无残留火种，参与现场动火工作的有关人员已全部撤离，动火工作已结束。

动火执行人签名：_____消防监护人签名：_____

动火工作负责人签名：_____运行许可人签名：_____

12 备注：

1) 对应的检修工作票编号（如无，填写"无"）：_____

2) 其他事项：

_____

_____

_____

A.0.7 焚烧厂热机检修工作停电联系单宜包含下列内容：

编号：

工作票号		值长（单元长）	
停电设备 名称（包括应拉开的开关、刀闸和保险等）			
热机申请人 （班长）		电气接受人 （班长）	
申请停 电时间	月　　　日 时　　　分	停电措施 执行完成时间	月　　　日 时　　　分
停电措施 执行人		已通知热机 负责人	月　　　日 时　　　分

A.0.8 焚烧厂热机检修试转送电联系单宜包含下列内容：

编号：

工作票号		值长（单元长）			
送电设备名称					
热机申请人 （班长）		电气接受人 （班长）			
申请送 电时间	月　日 时　分	送电完 毕时间		月　　　日 时　　　分	
送电措施 执行人		已通知热机 负责人		月　　　日 时　　　分	

附录B 焚烧厂操作票格式

单位：＿＿＿＿＿＿＿＿ 编号：＿＿＿＿＿＿

操作开始时间：＿＿年＿＿月＿＿日＿＿时＿＿分 终结时间：＿＿年＿＿月＿＿日＿＿时＿＿分		
操作任务：		执行情况
序号		
备注：		

注："√"表示已执行。若有未执行项，在备注栏说明原因。

填票人： 审票人： 运行值班负责人：

操作人： 监护人：

本标准用词说明

1 为便于在执行本标准条文时区别对待，对于要求严格程度不同的用词说明如下：

    1）表示很严格，非这样做不可的：

        正面词采用"必须"；反面词采用"严禁"；

    2）表示严格，在正常情况下均应这样做的：

        正面词采用"应"；反面词采用"不应"或"不得"；

    3）表示允许稍有选择，在条件许可时首先应这样做的：

        正面词采用"宜"；反面词采用"不宜"；

    4）表示有选择，在一定条件下可以这样做的，采用"可"。

2 条文中指明应按其他有关标准执行的写法为"应符合……的规定"或"应按……执行"。

引用标准名录

1 《安全色》GB 2893

2 《安全标志及其使用导则》GB 2894

3 《起重机 钢丝绳 保养、维护、检验和报废》GB/T 5972

4 《运行中变压器油质量》GB/T 7595

5 《电厂运行中矿物涡轮机油质量》GB/T 7596

6 《固定的空气压缩机 安全规则和操作规程》GB 10892

7 《火力发电机组及蒸汽动力设备水汽质量》GB/T 12145

8 《生活垃圾填埋场污染控制标准》GB 16889

9 《生活垃圾焚烧污染控制标准》GB 18485

10 《质量管理体系 要求》GB/T 19001

11 《环境管理体系 要求及使用指南》GB/T 24001

12 《职业健康安全管理体系 要求》GB/T 28001

13 《水泥窑协同处置固体废物污染控制标准》GB 30485

14 《城镇供热系统运行维护技术规程》CJJ 88

15 《生活垃圾焚烧厂运行监管标准》CJJ/T 212

16 《电力通信运行管理规程》DL/T 544

17 《电力变压器运行规程》DL/T 572

18 《六氟化硫电气设备气体监督导则》DL/T 595

19 《水泥窑协同处置固体废物环境保护技术规范》HJ 662

20 《锅炉安全技术监察规程》TSG G0001

中华人民共和国行业标准

生活垃圾焚烧厂运行维护与安全
技 术 标 准

CJJ 128‐2017

条 文 说 明

编 制 说 明

《生活垃圾焚烧厂运行维护与安全技术标准》CJJ 128-2017，经住房和城乡建设部 2017 年 8 月 23 日以第 1649 号公告批准、发布。

本标准是在《生活垃圾焚烧厂运行维护与安全技术规程》CJJ 128-2009 的基础上修订而成。《生活垃圾焚烧厂运行维护与安全技术规程》CJJ 128-2009 的主编单位是深圳市市政环卫综合处理厂，参编单位是上海浦城热电能源有限公司、宁波枫林绿色能源开发有限公司、深圳市宏发垃圾处理工程技术开发中心、杭州绿城环保发电有限公司、重庆三峰卡万塔环境产业有限公司、城市建设研究院；主要起草人员是龚伯勋、曹学义、姜宗顺、崔德斌、郑奕强、雷钦平、沈文泽、徐文龙、吴立、李兆球、陈红忠、杨海根、潘绍文、汪世伟、沈金健、林桂鹏、任庆玖、易伟、卢忠、朱履庆、陈天军、周大伦、王定国、陈跃华、郭祥信。

为便于广大设计、施工、科研、学校等单位的有关人员在使用本标准时能正确理解和执行条文规定，《生活垃圾焚烧厂运行维护与安全技术标准》编制组按章、节、条顺序编制了本标准的条文说明，对条文规定的目的、依据及执行中需要注意的有关事项进行了说明，还着重对强制性条文的强制理由做了解释。但是，本条文说明不具备与本标准正文同等的法律效力，仅供使用者作为理解和把握标准规定的参考。

目　次

1 总　则

1.0.1　本条明确了制定本标准的目的。生活垃圾（以下简称垃圾）焚烧行业近年来在国内取得迅猛发展，各地已建成、在建和计划兴建的焚烧厂不断涌现。本标准编制目的在于推动科学管理与科技进步，提高焚烧厂的工作效率，为焚烧厂的运行、维护、安全管理提供科学依据。

1.0.2　本条规定了本标准的适用范围。

1.0.3　本条明确了焚烧厂的年运行时间及炉渣热灼减率等要求。

1.0.4　本条明确了焚烧厂必须满足现行国家标准《生活垃圾焚烧污染控制标准》GB 18485 和地方政府对焚烧厂的排放要求，做到达标排放。

1.0.5　本条规定了焚烧厂的运行、维护与安全管理除应执行本条规定外，还应执行环境保护、消防、安全等方面现行国家有关标准的规定。

2 术 语

本标准有关条款中出现的一些专门的词或词组，这些词或词组在现行行业标准中未规定其含义。为便于使用和理解本标准，本次修订增加了术语定义，以便于行业内各焚烧厂进行交流总结，避免技术人员产生概念混淆。

2.0.1 进厂垃圾是指市政管理部门通过垃圾运输车送到焚烧厂的生活垃圾，进厂垃圾量是作为焚烧厂与政府管理部门结算的依据。

2.0.2 入炉垃圾是通过垃圾抓斗起重机，送入垃圾焚烧炉内燃烧的垃圾。垃圾在垃圾池内堆放 3d～5d 后会沥出 5%～20% 的渗沥液，因此入炉垃圾重量约为进厂垃圾重量的 80%～95%，入炉垃圾低位热值会高于进厂垃圾低位热值。

2.0.10 炉排型垃圾焚烧炉指火床燃烧时，承载垃圾并从其下部送入一次风进行燃烧的垃圾焚烧炉，炉排是指往复式运行炉排；按照炉排运行路线，可分为顺推炉排垃圾焚烧炉、逆推炉排垃圾焚烧炉、顺推＋逆推式垃圾焚烧炉。

2.0.16 在垃圾焚烧炉启炉时，开启并调整主燃烧器负荷，按照供货方提供的升温曲线烘炉，确保在推入垃圾之前，炉膛内烟气温度大于或等于 850℃、持续时间 2s 以上。垃圾焚烧炉停炉时，开启并调整主燃烧器负荷，确保在垃圾燃烬之前，炉膛烟气温度大于或等于 850℃、持续时间 2s。当垃圾燃烬后，调整主燃烧器负荷，按照供货方提供的降温曲线降温。

2.0.17 辅助燃烧器一方面用于对垃圾的点火；另一方面，当焚烧厂处理低热值、高水分、高灰分的垃圾，其炉膛烟气温度不能达到主控温度时，辅助燃烧器需要自动投入，以确保炉膛主控温度大于或等于 850℃、持续时间 2s 以上的焚烧状态。

3 基本规定

3.0.1 本条提出了焚烧厂的生产运行原则要求。

3.0.2 本条为强制性条文。要求运行、维护人员必须进行必要的培训，做到持证上岗。

3.0.3 本条为强制性条文。两票是指工作票和操作票；三制是指交接班制、巡回检查制和设备定期试验切换制。"两票三制"是电业安全生产保证体系中最基本的制度之一，是我国电力行业多年运行实践总结出来的经验，对任何人为责任事故的分析，均可以在其"两票三制"的执行问题上找到原因。为把安全方针落到实处，提高预防事故能力，杜绝人为责任事故，杜绝恶性误操作事故，"两票三制"必须严格执行。

1 必须严格执行操作票制度，加强设备操作的准确性，杜绝误操作事故的发生，确保人身和设备的安全。必须加大操作票的执行与管理。操作票是根据操作命令完成指定操作任务的具体依据。操作人不严格执行操作票，常常导致误操作的发生。因此应加强对电气操作、热机操作的管理，使操作标准化。重视操作的分工及技能培训，严格执行操作票制度。操作前对操作票进行仔细审核，操作内容必须明确、具体，操作中分清监护人与操作人的职责，让操作人员依据操作票按顺序进行，执行好监护制度。

2 必须严格执行工作票制度，加强生产现场运行设备的维护、消缺管理。严格工作票管理，工作票审批程序必须严格执行。作为运行人员在工作票许可手续上要严格把关，杜绝无票作业。

3 交接班过程中，必须严格执行交接班制度。接班人员应达到掌握设备运行状态后方可接班，要求接班人员重视设备巡检，认真查阅各种记录以及详细掌握休班期间发生的各类事件的原因、过程及防范措施。交接班时的签字、交接仪式是使接班人员思想上立即投入到工作状态的有效过程。交班会要对本班工作及时总结、分析，注意时效性，这将有利于提高运行的工作质量。

4 必须严格执行巡回检查制度，及时了解和掌握设备运行情况，发现和消除事故隐患；提高运行人员监盘、巡检质量，加强培养运行人员及时发现问题的能力。运行人员对参数变化要有分析对比，对设备运行状态要心中有数，否则就会使抄表、监视画面、巡检设备失去意义。

5 必须严格执行定期试验与切换制度，及时了解和掌握设备运行情况，发现和消除事故隐患。定期试验及切换制度是"两票三制"中不应忽视的一项工作，是运行人员检验运行及备用设备是否处于良好状态的重要手段。无备用设备就意味着缺少一种运行方式，安全运行就失去了一道保障，所以对备用的设备应视同运行设备，使之处于良好的备用状态，否则一旦运行设备发生故障，在无备用或少备用设备的情况下，运行人员处理事故时调节余地小，往往会导致事故扩大。

3.0.5 本条对焚烧厂的运行分析提出了原则要求。

1 运行分析制度是焚烧厂安全、连续、稳定运行的必不可少环节，通过运行分析，及时发现和找出运行生产方面存在的问题及薄弱环节，有针对性地提出改进运行工作的措施和对策，不断提高安全经济运行水平。

2 全厂综合分析和全厂运行分析一般每年、季、月定期进行，重点分析安全性、可靠性、经济性指标的完成情况及存在问题；专题分析是在总结经验的基础上，对某些专题如设备大修或技术改进前后运行状况的分析，技术经济指标完成情况的分析和其他专业性试验分析等；事故及隐患分析是根据事故和异常情况的性质、涉及范围，在事故及异常情况发生后，组织相关人员及时对事故及隐患的经过、原因及责任进行分析，并提出防范对策等。

3 焚烧厂运行重点内容应包括 8 个方面内容，需要对该 8 个方面进行重点分析。

3.0.6 本条对焚烧厂运行、维护记录提出了原则要求。

1 应建立生产运行记录的管理制度；

2 生产过程中通过计算机控制系统记录的全厂设备、设施、工艺及生产运行参数，应真实客观；

3 将日常的化验结果、材料消耗、材料库存、备品备件，通过计算机信息化管理系统记录、保存；

4 接班人员在接班时应对交班记录和具体交接情况认真核实，并认真填写接班意见，如发生异议，应立即核实，双方确认；

5 应建立设备台账；

6 按照有关要求，做好各项统计报表。

3.0.7 本条对焚烧厂资料管理提出了原则要求。

3.0.8 本条是焚烧厂对全部设备应建立设备台账管理制度的原则规定。

1 采取选择与使用相结合，维护与计划检修相结合，修理、改造与更新相结合，技术管理与经济管理相结合的原则，实行动态管理。

2 及时更新，准确反映设备实际情况。

3 对设备寿命周期全过程的管理，包括设备选择、正确使用、维护修理、更新改造，直至报废退出等全过程。

4 实行设备数据管理。通过统计与分析，计算和输出各种数值与目标值对照，采取措施控制超标指标，并为制定设备管理工作目标、工作计划、维修决策等提供依据。

3.0.10 本条提出了焚烧厂应建立设备维护保养制度。

1 日常保养主要工作应包括对设备进行清洗、润滑、紧固、检查状态；

2 一级保养主要工作应包括普遍进行清洗、润滑、紧固和检查。

3.0.11 本条提出了焚烧厂应建立设备缺陷管理制度。焚烧厂应按一般缺陷、重要缺陷与紧急缺陷规定，建立设备缺陷管理制度并严格执行。

  1 一般缺陷指不造成危害，在运行中可以处理的缺陷，允许继续使用；或者不造成危害，但会进一步扩展的缺陷，对安全经济运行及文明生产有一定影响，应在监控下使用；

  2 重要缺陷指影响安全经济运行及文明生产，但结构降级使用可以保证安全可靠性，应降级使用；

  3 紧急缺陷指对安全可靠性构成威胁，必须停机处理的缺陷，应返修或停用。

3.0.12 本条对焚烧厂质量、环境和职业健康安全等相关管理体系作出规定。

3.0.13 本条规定焚烧厂应根据本标准，制定符合自身要求的设备运行、维护与安全技术规程，其规程的制定应符合本标准的规定，并满足焚烧厂设备使用的技术要求，使焚烧厂运行、维护与安全管理有章可循。

4 垃圾接收及预处理系统

4.1 垃圾接收系统运行

4.1.1 本条明确了垃圾接收系统包含的具体内容以及实现的功能。

4.1.2 本条对进厂垃圾计量的运行提出了要求：

1 计量管理系统应储存所有进厂垃圾运输车辆的相关资料，包括车辆所属单位、车牌号、驾驶员姓名、所属区域和车辆的皮重等信息，以便计量时直接调用或有其他需要时查询，并为安全管理提供准确资料；

2 当垃圾运输车辆通过计量系统时，为确保计量准确应限速并匀速；建议汽车衡前方 10m 应设置减速装置，控制车速不得大于 5km/h，匀速通行；

3 为防止其他不可处理的垃圾进入焚烧厂，原则上仅接收环卫系统收集的生活垃圾和政府指定的垃圾。

4.1.3 本条对垃圾运输道路的运行提出要求：

1 焚烧厂物流通道出入口与垃圾卸料大厅之间的道路为垃圾运输道路，垃圾运输车只能在此道路行驶；

2 垃圾运输道路应保洁；

3 垃圾车进入焚烧厂区域后，焚烧厂有监督车容车貌的义务。

4.1.4 本条对卸料的运行提出了下列要求：

1 为了垃圾车安全有序卸料，卸料区应有指挥垃圾运输车驾驶员进行卸料的指引电子信号或有现场人员指挥；

2 每天检查垃圾卸料区域的有关设施，确保正常工作；

3 应配置卫生防疫设施；

4 关闭卸料门有利于维持垃圾池负压，避免臭气外泄。

4.1.5 本条规定垃圾运输车卸料时严禁越过限位装置，防止垃圾车在卸料时掉入垃圾池内。

4.1.6 本条明确规定严禁将带有火种的垃圾和危险废物卸入垃圾池，违反规定的运输车辆或单位，焚烧厂有权追究责任。

4.1.7 本条对垃圾储存的运行提出了下列要求：

1 监控垃圾储量。若垃圾量多，影响进料，若垃圾量少，影响堆酵效果。

2 及时转移垃圾池内卸料门前垃圾有利于垃圾车顺利卸料。

3 垃圾在储存过程中尽量混合，可使其热值均匀。同时有机质发酵，沥出部分水分，可提高其低位热值。因此，垃圾池内新老垃圾应分开堆放、进料、存放、投料形成动态循环，保障最先进仓的垃圾投料。根据运行经验，垃圾在垃圾池内的最佳堆酵时间为 3d～5d。

垃圾池动态分区循环见图 1。

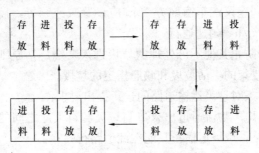

图 1　垃圾池动态分区循环

4 垃圾池负压运行可有效防止臭气外泄。

5 运行人员进入垃圾池和附属构筑物作业，还应严格遵守两票三制的规定。

4.1.9 检修期间，除臭系统应正常运转，减少臭气外泄。

4.1.10 本条是强制性条文，为了确保焚烧厂安全，对渗沥液收集设施有效空间的甲烷浓度、通风和防爆等作出了规定。每班应对送风机、抽风机、防爆电机等通风防爆设施进行巡检，确保其正常运行。

4.1.11 本条提出了垃圾池内渗沥液收集的措施，防止渗沥液在垃圾池内积存。

4.2 垃圾接收系统维护保养

4.2.1 本条提出了汽车衡维护保养的原则要求。

4.2.2 本条提出了垃圾卸料大厅及卸料门维护保养的原则规定。

4.2.3 本条为强制性条文。垃圾抓斗起重机属于特种设备，必须经地方特种设备监督部门监测合格，并在许可的有效期内使用。

4.2.4 本条对垃圾抓斗起重机的维护保养作出了具体规定。

4.2.5 本条是对垃圾接收系统的公用设施巡检的原则规定。

4.2.6 本条是对消防设施的维护保养的原则规定。

4.3 垃圾预处理系统运行

4.3.1 本条给出垃圾预处理系统适用范围的一般规定。

4.3.2 本条给出垃圾预处理系统一般构成。

4.3.3 本条提出垃圾预处理系统的基本要求。

    1 对垃圾预处理间提出了配置要求；

    2 对作业人员工作环境提出要求。

4.3.4 本条对破碎机的运行提出了相关要求。

    1 启动前检查的重点项目：

    1） 检查检修工作票是否结束，破碎机总电源是否送电；

    2） 破碎机内是否有人工作，是否有检修工具遗留在破碎机内；

    3） 破碎机主动轴润滑脂是否充足；

    4） 储能器压力是否达到要求；

    5） 液压油油位是否正常；

    6） 是否做到工完场清。

    2 对破碎机的运行程序设置及初始启动给出了一般要求。

    3 明确了破碎机运行中投料的相关要求。

4 明确了破碎机运行中遇到故障时的相关要求。

5 提出了破碎机运行中应重点检查的相关项目。

6 明确了破碎机停止前、停止后的相关要求。

4.3.5 本条规定了磁选系统的一般构成。

4.3.6 本条是对磁选系统运行提出的要求。

1 对磁选系统进行的相关工作安全防护提出了强制规定；

2 对磁选系统运行中的注意事项提出了强制规定；

3 对磁选机出现超温等异常情况停止工作的相关规定。

4.3.7 本条对皮带输送机的运行作出一般规定。

1 规定了皮带输送机启动前需要进行相应的检查。检查的主要内容有：

    1） 护栏、平台、拉绳开关、跑偏开关等安全防护设施完好；

    2） 皮带张紧情况、跑偏情况；

    3） 输送机电动机必须绝缘良好；

    4） 移动式输送机电缆严禁乱拉和拖动；

    5） 电动机需可靠接地。

2 皮带输送机运行中应检查的重点项目：

    1） 电机、减速器、滚筒轴承温度超过 80℃；各部件运转信号不清、保护装置不灵；电机及减速箱被浮料埋住、机械有异常响声等；

    2） 皮带严禁倒转（特殊检查时例外），禁止乘人或拉运其他设备物料；

    3） 在正常情况下停机时应先停止入料，当皮带上物料卸尽后方可停机。

3 重申了检查皮带机一切无误后才可启动的要求。

4 提出了皮带输送机一旦出现异常情况时的强制要求。

4.4 垃圾预处理系统维护保养

4.4.1 本条对垃圾预处理系统中破碎机设备的定期维护保养作

出规定。

1 对垃圾破碎机的定期维护保养提出一般要求。

2 对破碎机维护人员作出基本规定。

3 对破碎机 A、B、C、D、E 级保养的时间、内容要求作出基本规定。

1）A 级保养——每 50h 一次。主要检查内容：液压油位、液压系统、破碎台、冷却器、空载测试及监听液压噪声等。

2）B 级保养——每 250h 一次。主要检查内容：破碎台、破碎轴承保护装置、定刀、主刀及中央润滑系统等。

3）C 级保养——每 500h 一次。主要检查内容：储压器（氮气罐）、液压泵零位调整、动力单元泵传动装置及紧固部件等。

4）D 级保养——每 1000h 一次。主要检查及维护内容：紧固 - 破碎台、活动臂中的导引轴承、液压油过滤器的更换、检查液压系统控制压力及泵传动装置箱中的齿轮油等。

5）E 级保养——每 2000h 一次。主要检查及维护内容：液压箱上空气过滤器的更换；检查液压系统的工作压力，高压阀调整；在电动机运行时，对电动机中的轴承进行润滑，每 2000h 使用 20g 润滑脂。使用 Q8RubensWB 型润滑脂或类似的基于矿物油的锂高压润滑脂。

A 级保养的具体操作步骤：

1）检查液压系统：检查泵、电动机、阀门和软管连接无任何泄漏而且软管未接触锐边。

2）检查破碎台：清洁破碎台的破碎轴和机体，从而清除破碎轴周围堵塞或缠绕的任何物料。

3）检查冷却器：检查油冷却器和水/空气冷却器（若安装）是否泄漏，并且在必要时对其进行清洗。

4）空载测试：启动废料破碎机，在其周围绕行一圈，检查其声音是否正常，组件是否在正确位置以及其是否处于良好的工作状态。

5）监听液压噪声：启动破碎机，听一下液压泵和液压马达的声级（低/正常/高）。

B级保养的具体操作步骤：

1）检查破碎台：查看磨损程度，以便对磨损部位做及时补焊。

2）破碎轴保护装置：检查破碎轴保护装置外侧的堆焊层足够大，以保持破碎轴保护装置清洁。这些堆焊层预期可承受任何磨损，因此可防止破碎轴保护装置磨损。必要时，重新进行补焊堆焊。

3）检查定刀：检查定刀是否磨损。在拐角半径磨损至8mm～10mm时，对所有边角进行堆焊。

4）检查主刀：检查主刀是否磨损。在拐角半径磨损至8mm～10mm时，对所有角进行磨损焊接。

5）检查中央润滑系统：检查油位，必要时重新注油。主轴承润滑：检查是否对轴承进行正确润滑，通过确保润滑脂从轴承外壳中流出进行这一检查。同时，检查所有润滑软管是否正常工作，以及该系统是否发生泄漏。

C级保养的具体操作步骤：

1）储压器（氮气罐）：检查氮气的压力是否过低，有无损坏。液压泵和液压马达上的两种储压器的压力分别为(12±1)bar和(5±1)bar。如果破碎机已经运行4个月，而且在此期间未调节储压器压力，即使从最后一次检查后废料破碎机尚未运行500h，仍必须对其进行检查。

2）液压泵零位调整：液压系统处于工作温度而且柴油发动机或电动机驱动运行时，检查破碎轴在停止运行状态下是否完全静止不转。如果破碎轴稍微旋转，调节相关螺钉，直到破碎轴停止转动。

3）动力单元泵传动装置：检查泵传动齿轮箱的油位。

4）紧固部件：检查所安装部件和各种设备部件的螺栓和
螺母是否正确紧固。

D 级保养的具体操作步骤：

1）紧固破碎台，紧固部位及扭矩如图 2 所示。在将取出
的螺栓进行再装配时，必须使用装配油膏。

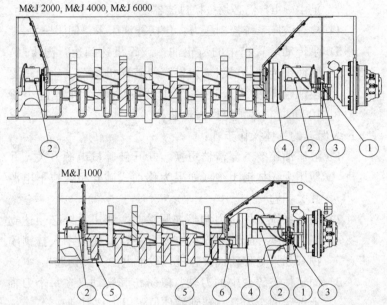

图 2　破碎台紧固部位及扭矩

编号	紧固位置	1000 型			（2000）＋4000 型		
		螺栓	数量	扭矩	螺栓	数量	扭矩
1	主轴承，轴向	M24×1.5	2	500	M30×1.5	（2）4	700
2	轴承，垂直	M24	20	850	M30	（10）20	2000
3	联轴器	M16	24	250	M60	（15）30	250
4	法兰接头	M24	40	800	M24	（24）48	800
5	切削器，垂直	M30	12	2000	—	—	—
6	切削器，轴向	M30	7	2000	—	—	—

2）活动臂中的导引轴承：检查导引轴承间隙，使用导引
轴承将活动臂固定到位。在破碎台运行时，最易于检

查导引轴承间隙。破碎轴转向改变时，对导轨板进行标记/测量。如果导引轴承间隙大于 1mm，更换轴承，以免其受损。

3）液压油过滤器的更换：包括高压滤芯及回油滤芯。进行大修时，或者从最近一次过滤器更换后破碎机运行 1 年时，即使从最近一次过滤器更换后破碎机运行不足 1000h，仍必须更换过滤器。

4）检查液压系统控制压力：包括补油压力、伺服压力。

5）泵传动装置箱中的齿轮油：破碎机达到运行温度时，更换泵传动装置油。如果废料破碎机运行 1 年而未更换油，即使从最近一次油更换后破碎机运行小于 1000h，仍必须更换齿轮油。

E 级保养的具体操作步骤：

1）液压油箱空气滤清器更换：断开破碎机电源开关，并使用个人挂锁闭锁（如果为移动式破碎机，拔下电源开关钥匙）。

2）液压系统工作压力调整：调整前，液压系统必须达到工作温度，断开破碎机电源开关，并使用个人挂锁闭锁（如果为移动式破碎机，拔下电源开关钥匙）。

3）固定住破碎台中的刀轴，以防止其转动（在每个刀轴上选定两个刀具，转到最佳位置以卡住刀轴）。

4）确认破碎台中或其周围无任何滞留人员后，接通破碎台电源开关，启动动力单元；启动液压泵；启动刀轴并检查压力是否正常。重复上述步骤，检查刀轴压力，如需调节压力，应调整相应的螺钉。

5）驱动电机：每运行 2000h，使用 20g 油脂，在电动运行条件下润滑电机轴承。

6）液压系统：加注前应先过滤液压油；更换时应采用符合设备规格的液压油。

5 炉排型垃圾焚烧炉及余热锅炉系统

5.1 运 行

5.1.3 本条对炉排型垃圾焚烧炉及余热锅炉冷态启动前的检查和准备提出了要求，热态启动前的检查和准备参照执行。

5.1.4 本条对炉排型垃圾焚烧炉及余热锅炉冷态启动的原则程序作出了规定。启炉流程如图3所示。

　　冷态启炉的负荷上升曲线可参考图4。

5.1.5 本条为强制性条文。为安全起见，运行中必须严格监控垃圾焚烧炉及余热锅炉。

5.1.6 本条明确了垃圾焚烧炉及余热锅炉运行中监视和调整的主要参数，以及典型故障处理方式。

5.1.7 本条对炉排型垃圾焚烧炉及余热锅炉停炉前的准备作出了原则规定。

5.1.8 本条对炉排型垃圾焚烧炉及余热锅炉停炉的原则程序作出了规定。停炉流程如图5所示。

　　余热锅炉停炉时，其负荷下降可参考图6。

5.2 维 护 保 养

5.2.1～5.2.4 给出了炉排型垃圾焚烧炉及余热锅炉系统重点设备焚烧炉、余热锅炉和转动机械、辅助燃烧系统巡检的重点部件，各焚烧厂应根据设备情况建立设备台账，编制设备维护保养和缺陷管理规定。

5.2.5 在锅炉停用期间，如果不采取保护措施，锅炉水汽系统的金属内表面会遭到溶解氧的腐蚀。停用腐蚀的危害性不仅是它在短期内会使大面积的金属发生严重损伤，而且会在锅炉投入运行后延续。

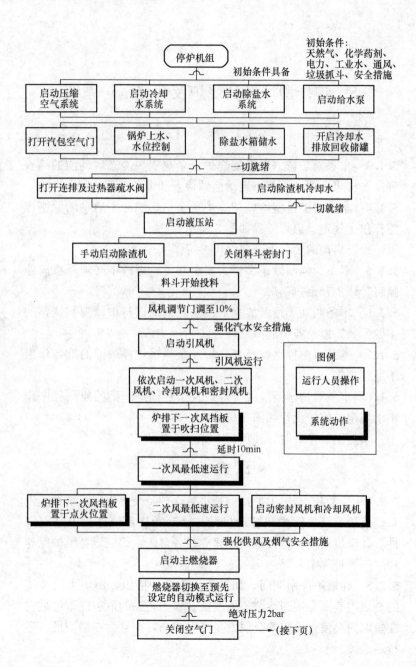

停炉机组

初始条件具备

初始条件：
天然气、化学药剂、电力、工业水、通风、垃圾抓斗、安全措施

启动压缩空气系统

启动冷却水系统

启动除盐水系统

启动给水泵

打开汽包空气门

锅炉上水、水位控制

除盐水箱储水

开启冷却水排放回收储罐

一切就绪

打开连排及过热器疏水阀

启动除渣机冷却水

一切就绪

启动液压站

手动启动除渣机

关闭料斗密封门

料斗开始投料

风机调节门调至10%

强化汽水安全措施

启动引风机

引风机运行

图例

运行人员操作

系统动作

依次启动一次风机、二次风机、冷却风机和密封风机

炉排下一次风挡板置于吹扫位置

延时10min

一次风最低速运行

炉排下一次风挡板置于点火位置

二次风最低速运行

启动密封风机和冷却风机

强化供风及烟气安全措施

启动主燃烧器

燃烧器切换至预先设定的自动模式运行

绝对压力2bar

关闭空气门

（接下页）

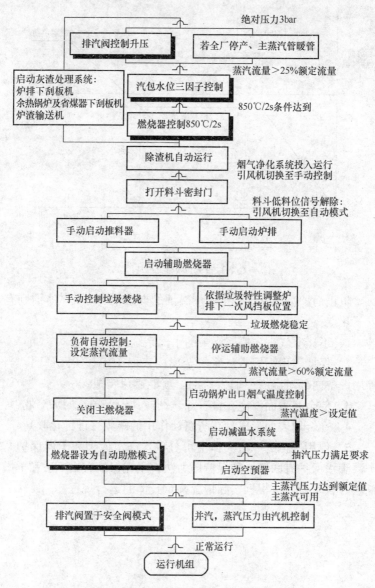

图 3　炉排型垃圾焚烧炉及余热锅炉冷态启动的原则程序

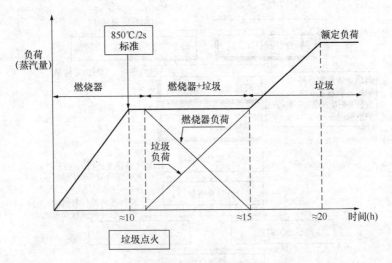

图 4　冷态启炉的负荷上升曲线

防止锅炉水汽系统发生停用腐蚀的方法较多，其基本原则有以下几点：

1 不让空气进入停用锅炉的水汽系统内。

2 保持停用锅炉水汽系统金属内表面干燥。实践证明，当停用设备内部对湿度小于 20％时，就能避免腐蚀。

3 使金属表面浸泡在含有除氧剂或其他保护剂的水溶液中。

4 在金属表面形成具有防腐蚀作用的薄膜（即钝化膜）。

5 停用保护的方法大体上可分成：满水保护和干燥保护两类。满水保护有联氨法和保持压力法；干燥保护有烘干法和干燥剂法。各焚烧厂应根据实际情况确定具体的运行规程。

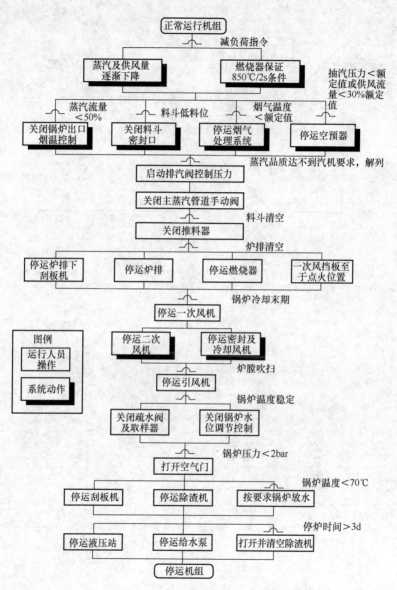

图 5 炉排型垃圾焚烧炉及余热锅炉停炉的原则程序

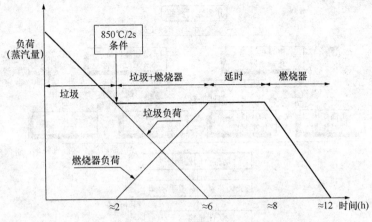

图 6 负荷下降示意图

124

6 流化床垃圾焚烧锅炉系统

6.1 运 行

6.1.1 本条对流化床垃圾焚烧锅炉系统主要组件及主要功能作出规定。

一般烟气流经流化床垃圾焚烧锅炉各主要组成部分的流程为：垃圾通过垃圾给料口以一定给料速率送入炉膛密相区，通过高温床料将垃圾点燃燃烧，使炉膛内温度均匀保持在 850℃～950℃，未燃尽的细颗粒和垃圾热解烟气被吹入炉膛稀相区继续燃烧，颗粒通过高温气固分离器（旋风分离器）分离，经返料器送回炉膛密相区，燃烧产生的渣进入水冷式冷渣分选及回料装置，其中粗颗粒被收集，而细颗粒被送入炉膛密相区。

通过旋风分离器分离后的高温烟气顺次通过高温过热器、低温过热器、省煤器、一二次风空气预热器进行换热。上述流程根据不同技术要求，前后布置方式可以有所不同。

6.1.2 本条对流化床垃圾焚烧厂运行内容进行了规定。

6.1.3 本条对检修后的流化床垃圾焚烧锅炉系统重新投入运行提出了原则性规定。

6.1.4 本条规定流化床垃圾焚烧锅炉系统启动前的检查应符合下列要求：

1 对准备启动的焚烧炉相关系统的检查与确认提出了要求。

2 对焚烧炉启动前的系统内部状态提出了基本要求。

3 对点火前检查的重要内容进行明确。

检查所有阀门、引风机、一次风机、二次风机、冷渣风机、脱硫设备、除尘器、返料系统、空压系统等并置于下列状态：

　　1）蒸汽系统：主汽阀旁路阀关闭，炉侧隔离阀及旁路阀关闭。

2）给水系统：各给水截止阀、电动阀、调节阀均关闭。

3）放水系统：各联箱排污一二次阀、连排二次阀、事故放水电动阀、连排一次阀关闭，打开再循环阀。

4）疏水系统：过热器疏水阀、减温器疏水阀开启。

5）蒸汽及炉水取样阀、汽包加药一次阀开启，二次阀关闭。

6）各空气阀、向空排汽门开启，滑参数启动时，主汽门开启。

检查引风机、一次风机、二次风机、冷渣风机，应符合下列要求：

1）靠背轮连接牢固，保护罩完好，用手转动转子应无卡涩现象。

2）风机、电动机的底脚螺丝牢固，无松动。

3）轴承油质良好、油位正常，轴承无漏油现象。

4）冷却水通畅，水量充足。

5）电动机接地线牢固，测量绝缘并合格。

6）风机进口挡板执行机构开关灵活，指示位置正确。

7）事故按钮完整无缺，并有防止误动作的保护装置。

检查脱硫设备，应符合下列要求：

1）内壁光滑、清洁，外观完整，无裂纹现象。

2）脱硫塔喷嘴良好，无堵塞。

3）压缩空气、罗茨风机、蒸汽加热系统各阀门完整，且能严密关闭。

4）各测点完整可靠。

5）分汽包上安全阀动作可靠。

6）各转动机械无卡涩，动作灵活。

检查布袋除尘器，应符合下列要求：

1）外形完整，无变形、裂缝处，密封良好。

2）各维修门能关闭严密，无漏风。

3）喷吹管风口畅通，无堵塞。

4）汽水分离器灵活好用，水已排净，排泄阀关闭。

5）各橡胶连接管连接牢固，无漏风。

6）压力表、压差表指示可靠、灵活。

7）螺旋输送机电动旋转阀灵活好用，润滑油油位正常。

检查返料系统，应符合下列要求：

1）旋风分离器、返料器完整，密封良好，无堵塞，各部畅通。

2）防磨装置完好，无脱落。

3）返料器风口完好无损，风口畅通，内无焦渣、杂物。

4）各调节风门灵敏、正确。

检查空压系统应符合下列要求：

1）排除各冷却器、过滤器和空气罐内残留凝结水。

2）冷却水压力 0.2MPa 以上。

3）指示油位高度正常。

4）各连接件的结合与紧固良好。

5）打开总进气阀，各分支水管流动情况正常。

6.1.5 本条规定了流化床垃圾焚烧炉冷态启动运行程序。

根据流化床垃圾焚烧炉的特性，锅炉焚烧系统有两种启动与停炉的方式，分别是冷态启动、热备用启动，正常停炉、热备用停炉；另外还有特殊的情况下发生的紧急停炉；本条是冷态启动的运行程序。

1 规定了锅炉冷态启动操作的程序要求。

2 对锅炉升温操作作了原则性要求。

3 对锅炉的投烧垃圾作了原则性要求。

4 对余热利用系统的升温升压操作参照机械式炉排焚烧炉的一般程序进行说明。

6.1.6 本条规定了流化床垃圾焚烧炉热备用启动运行程序。

1 规定了锅炉热备用启动操作的程序要求。

2 对锅炉升温操作作了原则性要求。

3 对锅炉的投烧垃圾作了原则性要求。

4 对余热利用系统的升温升压操作参照机械式炉排焚烧炉的一般程序进行说明。

6.1.7 本条给出了流化床垃圾焚烧炉运行调整的相关项目以及调节的基本要求，包括床层温度控制、燃烧调节、床层差压调节、炉膛差压调节、烟气含氧量、返料量调节、一二次风配比、增减负荷等运行调整。

本条对床层温度控制、燃烧调节、床层差压调节、炉膛差压调节、烟气含氧量、返料量调节、一二次风配比、增减负荷等分开给予描述，对运行操作监控过程中每一个项目都给出了原则性的要求。

6.1.8 本条对流化床垃圾焚烧炉正常停炉程序提出了一般规定。

1 规定了锅炉正常停炉操作的程序要求。

流化床垃圾焚烧炉正常停炉前的检查项目有：切断垃圾供给系统并保持垃圾仓内、垃圾给料系统内无存余垃圾；辅助燃料系统停止运行，保持辅助燃料系统仓体内无燃料，给料系统内无存余燃料；石灰石及活性炭仓内余量满足停炉时间段的需求即可；空压系统运行正常；排渣系统运行正常；停止床料补充系统；汽机做好与锅炉侧隔断的准备工作。

2 对停止垃圾供给后的运行操作作了原则性要求。

3 对锅炉停止所有燃料供给后作了原则性要求。

6.1.9 本条对流化床垃圾焚烧炉热备用停炉程序提出了一般规定。

1 规定了锅炉热备用停炉操作的程序要求。

流化床垃圾焚烧炉热备用停炉前的检查项目有：切断垃圾供给系统，仓体与给料系统内可有存余垃圾；辅助燃料系统停止运行，仓内与给料系统内可保留辅助燃料；空压系统运行正常；排渣系统运行正常；保持床料补充系统的运行，加强床料的置换；视热备用停炉的时间长短做好与汽机侧隔断的准备工作。

2 对停止燃料供给后的运行操作作了原则性要求。

6.1.10 本条对流化床垃圾焚烧炉紧急停炉运行程序提出了一般

规定。

紧急停炉是指非计划状态下的停炉方式，一般指遇到重大的故障，如锅炉严重满水、严重缺水、给水系统无法供水、炉后空压系统无法正常供气、水位计全部损坏、设备或人身遇到重大威胁等特殊故障时的一种停炉方式。

6.1.11 本条对给料系统的部件组成及给料系统的运行提出了要求。

垃圾给料装置是流化床焚烧锅炉非常关键的设备之一，是影响焚烧锅炉能否稳定运行的至关重要的一个环节。目前所使用过的垃圾给料方式均未能较好地解决垃圾的均匀给料和密封问题，并且设备故障率高，维护工作量大，对垃圾焚烧的运行影响较大。

在不焚烧垃圾运行的工况下，由于给料机腔体存在的内部空间造成向锅炉内部漏风严重，影响锅炉燃烧效率、运行经济性和稳定性。随着流化床技术的不断发展，设备装备水平不断提高，当前采用的双螺旋垃圾给料输送机与两级给料设备基本解决了垃圾给料均匀性和密封性。

6.1.12 本条对流化床垃圾焚烧炉的给煤系统组成及运行作了一般规定。

以无轴螺旋给煤机形式为例，应具备就地控制与远程控制的功能，就地控制主要用于设备的检修调试和就地调整，远程控制主要应用于正常的运行控制。能有效传送一定潮湿的、有黏性的煤炭；能有效地防止堵塞，更方便地输送设计尺寸的物料。驱动装置位于螺旋输送机一端，采用电机减速机和螺旋驱动轴直连形式，无需联轴器，拆卸、维修方便，驱动轴能承受弯矩和轴向挤压力同时作用的负荷。驱动装置（电机和减速机）应运转灵活、平稳可靠、无异常噪声，减速箱所有结合面及输入输出轴密封处不渗漏。

6.1.13 本条对冷渣机系统的组成、运行以及安全管理提出了要求。

冷渣机应具备必要的安全保护配置：

1）进水管路上设电接点压力表，可实现超压、欠压、断水报警并自动停机等保护功能；

2）出水管路上设铂电阻温度计，可实现超温报警并自动停机保护功能；

3）出水管路上设安全阀，以实现当水量不足或断水引起的压力升高时的超压泄放；

4）设冷渣机轴向位移超限报警，当冷渣机轴向位移超限或挡轮损坏时报警并自动停机维护；

5）设滚筒下降超限报警，当长时间运行后，因支撑轮磨损而滚筒高度降低时报警并自动停机维护，以免损坏与进渣装置处的密封面；

6）冷渣机的冷却水必须采用脱盐水或凝结水，以保证冷却水质合格，冷渣机通流部分不结垢。

6.1.14 本条对床料补沙系统的组成及运行提出了要求。

6.2 维护保养

6.2.1 本条对流化床垃圾焚烧炉系统的重点部位的检查与维护保养提出了基本要求。

6.2.2 本条是对焚烧炉的检查与维护的重点项目的一般规定。

6.2.3 本条对风室、返料器、旋风分离器等相关重点部位的检查要点作出了规定。

流化床垃圾焚烧锅炉停炉后日常维护检查的重点是风帽、排渣管以及旋风分离器等处的检修及耐火材料维护。

1）风帽：大修项目包括检查风帽完好并加固、更换损坏的风帽及风管、落渣管及其附件检修、清理风箱内部灰渣杂物、检查二次风喷口的完好情况、检查风室内部耐火材料是否脱落并修补、检查床下热烟气发生器内部的高温耐火材料使用情况并酌情修补。小修项目则包括检查加固添补风帽、风箱风清理灰渣杂物、检查落渣管及附件。检修工艺：逐一检查风帽完好情况，若有裂纹、烧损、圆顶凸缘磨损、顶部穿孔等宏观缺陷必须更换。对有怀疑者用榔头敲击圆顶检查。逐一加固，疏通小孔，无法修补者必须更换。风管连接螺纹损坏，必须更换。耐磨耐火覆盖层完好，局部脱落修补，大面积脱落重新浇铸。打开风箱人孔门，通风，进入风箱内部清理灰渣焦块。检查修补风箱漏风。清点工具封闭各孔门。

2）排渣管：进入风室内检查排渣管与风室及布风板连接是否可靠严密，并检查落排渣管补偿器是否完好，视情况检修或更换。检查排渣管外部的耐火浇铸料是否有脱落并进行修补。进入燃料室内检查排渣口是否烧损变形和松动，视情况检修或更新。

3）旋风分离器：旋风分离器及进出口烟道的修补或更新；旋风筒内部、进出口烟道耐磨砌块的检查或衬里修补；返料器清理积灰，疏通风管及其杂物；旋风筒及进出口烟道堵漏，完善耐磨衬里；返料器消除泄漏；返料器风室的检查和清理。耐火材料的维护：每次锅炉停炉冷却后，必须检查耐火材料，如炉膛密相区、旋风分离器入口、出口以及回料腿的接缝，这些接缝必须清理干净，如果这些接缝不很好地维护，它们会被灰填满而限制它们的位移，可能造成耐火材料的损坏。经过一段较长时间的空气干燥期，耐火材料的水分将减少。但是由于耐火砖和浇铸材料含有化学成分，水分的完全脱除只能靠控制加热来达到，因此需要一定的时间加热烘干。温度上升速率及恒温时间的要求取决于多种因素，如耐火材料的数量和形式、采用的浇铸材料种类和施工工艺、耐火材料中水分含量、从竣工到开始运行的时间间隔等。

耐火材料完成修理后，在加热之前要根据修理材料进行不小于 24h 的空气固化，这段时间可用于拆除脚手架，关闭人孔门和装填床物料。耐火材料固化后，要限制温升速率小于 28℃/h。在连续升温之前使锅炉稳定在 177℃，这将使锅炉在连续升温之前各部温度一致，该恒温时间要持续 2h～4h，恒温之后，以 28℃/h 连续升温至 760℃。如果在修理区域的热电偶指示温度滞后平均温度超过 83℃，要降低燃烧速率使温度稳定。新浇铸的耐火材料含有水分，如果锅炉的升温速率太快，该水分可生成蒸汽并且可发生剥离。

一般预干燥的时间越长越好，如果耐火材料加热太快，外面的耐火材料将先干燥、收缩并与其余的耐火材料分离，产生裂缝。另外，随着急剧加热，耐火材料中会形成蒸汽，特别是在耐火材料厚的部位，将产生一定压力的蒸汽，以便渗出。在干燥或固化过程中，水分消失的同时伴随着耐火材料的收缩。干燥火焰的控制必须仔细，主燃烧器应能在控制温升速率的最低负荷下稳定燃烧，否则，可以在现场安装临时燃烧器。点火以后保持最小的火焰，直至耐火砖和砌筑材料完全干燥，注意保持汽包水位，使得汽包排气孔上可见到少量的蒸汽。在干燥时，过热器疏水阀及排气阀必须完全打开。

始终保持正确的汽包水位，因为过热器疏水阀及排气阀和汽包排气阀是分开的，在干燥过程中必须注意水位。耐火材料干燥时，风机的挡板应调整到使整个锅炉温度分布最均匀的位置上。

在干燥结束后，应对各处耐火材料、砖、浇铸材料等部位进行检查，有无裂缝或过渡的收缩，所有的裂缝应以优质耐火灰填充或修补。干燥过程中，锅炉热回路系统内温度应控制在 370℃～950℃。对锅炉循环系统的监控，主要应注意耐火材料和物料循环对耐火材料的影响。升温和冷却的速率要充分考虑耐火材料上的应力，尽量控制不超过规定值。

6.2.4 本条提出了尾部烟道及设备的维护保养需要重点检查的项目。

6.2.5 本条对余热利用系统的维护保养参照机械式炉排焚烧炉进行规定。

6.2.6 本条提出焚烧炉停炉检查、维护保养后的漏风试验相关程序，是检验焚烧炉本体严密性的重要标志。

焚烧炉检修完毕后，应在冷态下对风烟系统进行漏风试验，以检验其严密性。漏风试验的方法有正压、负压两种。试验前要将所有人孔、观察孔、检查门关闭，然后再进行试验。

6.2.7 本条对垃圾给料系统相关部位的检查维护作出一般规定。

6.2.8 本条对给煤系统相关部位的检查维护作出一般规定。

6.2.9 本条对冷渣系统维护保养作出一般规定。

6.2.10 本条对床料补充系统的维护保养作出一般规定。

6.2.11 转动机械部分的维护保养参照炉排型垃圾焚烧炉及余热锅炉执行。

7 烟气净化系统

7.1 运　　行

7.1.3　在垃圾焚烧烟气中喷入碱性中和剂，可有效减少烟气中的氯化氢、氟化氢、二氧化硫、三氧化硫等酸性气体。烟气脱酸可采用干法、半干法和湿法三种方式。干法脱酸相对投资省，脱酸效率低；湿法脱酸相对投资高，脱酸效果好；半干法介于二者之间。目前国内大部分焚烧厂脱酸方式是：利用石灰浆液作为中和剂的半干法脱酸。本条对此方式的运行作出了原则规定，并对氢氧化钙和氧化钙的品质提出了建议。少数焚烧厂如采用干法或湿法脱酸，其运行可参照其技术提供方的有关规定执行。

　　氢氧化钙脱酸的化学反应方程式：

$$2HCl(g) + Ca(OH)_2(s) \rightarrow CaCl_2(s) + 2 H_2O(g) \qquad (1)$$

$$2HF(g) + Ca(OH)_2(s) \rightarrow CaF2(s) + 2 H_2O(g) \qquad (2)$$

$$SO_2(g) + Ca(OH)_2(s) \rightarrow CaSO_3(s) + H_2O(g) \qquad (3)$$

$$CaSO_3(s) + 1/2 O_2(g) \rightarrow CaSO_4(s) \qquad (4)$$

$$SO_3(g) + Ca(OH)_2(s) \rightarrow CaSO_4(s) + H_2O(g) \qquad (5)$$

7.1.4　在垃圾焚烧烟气中喷入活性炭，可有效吸附二噁英和重金属。本条明确了活性炭输送系统运行的规定，并对活性炭的品质提出了建议。

7.1.5　本条明确了袋式除尘器运行的规定。袋式除尘器投运前进行预喷涂，可加强脱酸效果和除尘效果。运行中发生滤袋的堵塞、破损、脱落、泄漏等情况，必然影响袋式除尘器的正常运行和烟尘排放指标。运行人员发现上述缺陷，应立即处理。运行人员根据压差调整反吹频率，既要保证在滤袋表面形成适当厚度的灰层，确保除尘效果，提高氢氧化钙的利用效率，又要防止风阻过大。

灰斗积灰发生搭桥报警时，应立即处理，防止飞灰累积过高直接接触滤袋，造成对滤袋的损坏。系统停运前及时清理滤袋表面积灰，避免飞灰变潮而挂在滤袋表面或者结块。

7.1.6 垃圾焚烧烟气中的氮氧化物去除有选择性非催化还原法（SNCR）及选择性催化原法（SCR）两大类别。

SNCR（选择性非催化还原法）是在850℃～1100℃、氧气共存条件下，向炉腔中直接加入尿素（或液氨）等，将氮氧化物还原成为氮气与水汽的方法。由于此法不需要催化剂的作用，从而避免催化剂堵塞或毒化问题。化学反应方程式：

$$NO + CO(NH_2)_2 + 1/2O_2 \rightarrow 2N_2 + CO_2 + H_2O \qquad (6)$$

SCR（选择性催化还原法）当以液氨作为脱硝剂，是在烟气温度200℃～400℃（取决于脱硝剂种类和烟气成分）、一定氧含量下，烟气通过 TiO_2-V_2O_5 等催化剂层，与喷入的液氨进行选择性反应，生成无害的氮气与水，从而去除烟气中的氮氧化物。

目前国内焚烧厂几乎全部采用 SNCR 系统脱硝。

本条对 SNCR 脱硝系统的运行作出了原则规定，但有个别新建焚烧厂采用 SCR 脱硝系统，因此在此条文说明中补充 SCR 脱硝系统运行的相关规定。

下列内容是参考国内某生活垃圾焚烧发电厂 SCR 系统运行相关规定，以供参考。

1 SCR 脱硝系统启动前的检查与准备应符合下列规定：

　1）本系统无检修或检修结束，工作票已终结；

　2）确认液氨储备充足，供应系统正常运行；

　3）确认稀释热风加热系统、烟气加热系统和挡板门密封系统正常运行，加热蒸汽可靠供应；

　4）确认催化剂已安装，性能良好且具备启动条件；

　5）检查各泵、风机、阀门，确认其处于可用状态，工艺管道连接正确、密闭良好；

　6）确认系统所有的热工仪表和控制系统处于正常可用状态。

2 SCR 脱硝系统启动的原则性程序应符合下列规定：

1） 启动稀释热风风机；

2） 确认氨水储罐手动阀、供氨母管隔离阀、SCR 反应器氨流量调节阀、前后手动隔离阀开启；

3） 在 DCS 上开启供氨关断门；

4） 确认氨气压力和稀释空气流量符合要求；

5） 在 DCS 的脱硝供氨系统打开流量调节阀，氨供应系统开始向氨注射栅格供应气态氨，观察基本稳定后将流量调节阀设为自动运行，DCS 自动控制调节阀的开度，氨流量调节阀总是处于开启状态；

6） 控制系统根据 SCR 反应器出口的 NO_X 检测值和设定值间的差值计算需要增加的氨水供应量。

3 SCR 脱硝系统运行中，主要监控对象包括以下内容：

1） 风机运行正常，没有不正常噪声和过度的振动；

2） 确认稀释空气的压力；

3） 检查氨水计量泵运行正常，没有不正常噪声和过度的振动；

4） 检查氨管道是否泄漏；

5） 检查氨蒸发系统的温度和压力；

6） 确认自动开关阀门的状态。

4 SCR 脱硝系统停运的原则性程序应符合下列规定：

1） 关闭供氨管前截止门；

2） 在确保氨逃逸率及喷氨浓度合格情况下，将喷氨流量控制阀开度适当加大；

3） 供氨管道无压力后，关闭喷氨快速关断阀；

4） 关闭供氨管后截止门；

5） 稀释空气风机在送、引风机停运后方可停运；

6） 如果是最后一台 SCR 停止运行，还需要先关闭液氨储罐供氨到蒸发器的快关阀；最后再退出蒸发器运行，关闭机组辅助供汽总门。

7.2 维护保养

7.2.1 半干法烟气脱酸系统由石灰浆液制备系统和反应塔组成。

石灰浆液制备系统主要设备有：石灰仓及仓顶除尘器、石灰浆液制备罐、计量罐及其搅拌机、螺旋给料机、振动筛、石灰浆泵、酸计量罐、酸泵、水箱、水泵和风机等。

石灰浆液制备系统工作原理如图 7 所示。

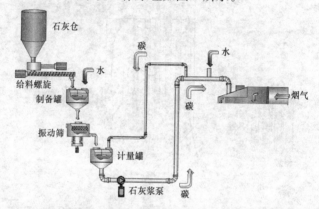

图 7　石灰浆液制备系统工作原理

反应塔由雾化机、反应塔体、振打装置和卸灰装置组成。反应塔工作原理如图 8 所示。

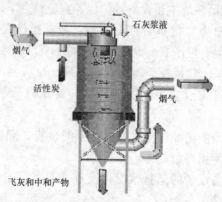

图 8　反应塔工作原理

7.2.2 活性炭喷射系统主要由活性炭仓和仓顶除尘器、螺旋给料器、定量给料螺旋、活性炭喷射器、活性炭进料及相应的管道阀门、活性炭仓顶检修吊车等设备及相应的管路组成。

7.2.3 袋式除尘器工作原理如图 9 所示。

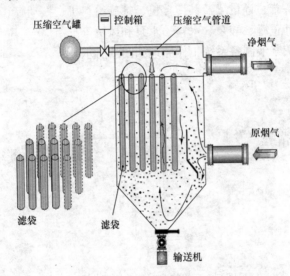

图 9　袋式除尘器工作原理

7.2.4 SNCR 脱硝系统模块供给原理如图 10 所示。

SNCR 脱硝系统主要设备维护保养宜应符合下列要求：

1 巡检整个系统是否存在泄漏，特别是涉及蒸汽、氨水、氨烟混合后所有的设备和管道，如有泄漏要及时处理；

2 密切重点监视反应器进出口压降、反应器出口各烟气分析仪等重点参数，发现异常，要及时分析原因，排除隐患；

3 如发现催化剂压损异常，应及时检查，确保催化剂的性能和使用寿命；

4 巡检各设备的运行情况，检查其温度、噪声、振动、润滑等是否正常；

5 定期检查喷氨格栅是否有腐蚀、磨损、泄漏或堵塞现象。

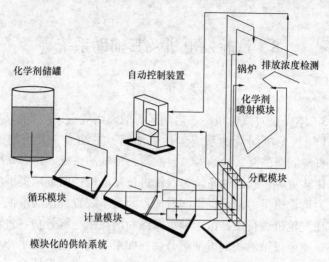

图 10 SNCR 脱硝系统模块供给原理

8 汽轮发电机及其辅助系统

8.1 运 行

8.1.3 本条是对汽轮机冷态启动运行的原则规定。

1 汽轮机润滑油系统包括主油箱、主油泵、交流润滑油泵、直流润滑油泵、冷油器、射油器、顶轴油系统、排烟系统和油净化装置等。润滑油系统为汽轮机、发电机径向轴承提供润滑油，为汽轮机推力轴承提供润滑油，为盘车装置提供润滑油等。

在汽轮机运行中，由于轴承摩擦而消耗了一部分功，将转化为热量使通过轴承的润滑油温升高。如果油温升高，轴承有可能发生烧瓦事故。为使轴承正常运行，润滑油温必须保持在一定的范围之内，一般要求进入轴承的油温在 43℃～49℃ 之间，轴承的排油温升一般为 10℃～15℃，因而必须将轴承排油冷却后才能再送入轴承润滑。冷油器就是为了满足这一要求而设置的。

2 汽轮机冲转条件通常有：主蒸汽温度应大于该压力对应饱和温度 50℃ 以上；凝汽器真空在 -61kPa 以上；电控油压正常；润滑油压在 0.08MPa～0.12MPa；各轴承回油正常；冷油器出口油温在≥30℃；上下缸温差不超过 50℃。冲转应记录冲转前下列数据：主蒸汽压力、主蒸汽温度、调节级温度、压力、上下缸壁温、轴向位移、凝汽器真空、绝对膨胀、盘车电流、调节油压、润滑油压、油温等。在 DCS 画面上投入除低真空、发电机保护以外的所有保护。汽轮机冲转后检查盘车装置应自动脱扣，否则应立即停机。盘车退出后停止电动机运行。机组冲转后，根据主蒸汽温度逐渐关小直至关闭机组电动主汽门后疏水门。

3 在轴系临界转速区时，应快速平稳通过。在通过临界转速时，若汽轮发电机组轴承振动值超打闸停机限值，应立即打闸停机，严禁强行通过临界转速。应密切注意凝汽器真空、凝汽器热水井水位、轴封汽压力及油温。根据情况投入冷油器、发电机空冷器，保持温度在正常范围内。排汽温度不超过 65℃，否则应投入喷淋减温。当转速升至 2850r/min 后，主油泵逐渐开始工作，当主油泵出口油压大于规定值时，应停运高压电动油泵，检查调节油压、润滑油压应正常。

4 在汽轮机冲转、升速过程中，倾听各转动部分声音、振动正常。锅炉根据汽轮机要求调整燃烧，控制维持主蒸汽参数不变以满足汽轮机要求。在升速过程中，轴的绝对振动不得超限，过临界转速时，轴的绝对振动不得超限，否则应紧急停机。调整冷油器出油温度在 38℃～45℃ 之间。注意维持真空和排汽温度正常，缸胀、差胀、轴位移在规定范围内，轴承温度、回油温度、轴封汽压力、温度、凝汽器真空、凝汽器水位等维持在正常范围内。

5 危急遮断器试验通常有两种方法：一种是将汽轮机超速使危急遮断器动作；另一种是利用试验油门将油注入危急遮断器，增加危急遮断器偏心重量和偏心距，使之动作。前一种方法，需将 DEH 的 OPC 及 ETS 的超速保护功能切除，由 DEH 控制组升速，当任一只危急遮断器和对应的危急遮断油门动作后，对应的超速指示器出现红色指示，表示危急遮断器已经动作。

6 为了保证汽轮机设备的安全，防止设备损坏事故的发生，除了要求调节系统动作可靠以外，还应该具备必要的保护装置，以便汽轮机遇到调节系统失灵或其他事故时能及时动作、迅速停机，避免造成设备损坏事故。

从自动调节的角度来看，保护装置也是一种自动调节装置。它和调节系统一样，也有感受、放大和执行机构三部分组成。所不同的只是调节方式不一样。调节系统使运行参数始终维持在给定值附近；而保护装置是当运行参数大于保护定值时，才使执行机构动作，它的调节只有两种状态，即全开和全关。

8.1.7 汽轮机停机时，打闸发电机解列后，应准确记录汽轮机转子的惰走时间，这是判断汽轮机动静部分和轴承工作是否正常的重要依据。按同样的规律停机，若转子惰走时间明显缩短，可能是轴承工作恶化或是汽轮机内部动静部分发生摩擦；若惰走时间明显拉长，则是汽轮机的进汽阀或是抽汽逆止门关闭不严，有压力蒸汽漏入或返回汽轮机所致。

停机后转速到零，真空到零，断轴封汽，及时投入连续盘车，防止轴封漏汽，防止进冷水冷气，导致大轴弯曲事故。

8.1.8 由于国内采用空冷凝汽器的运行经验仍在积累过程中，故仅作出原则规定。下面摘录某焚烧厂直接空冷凝汽器的投运与停止运行规程（空冷岛），供参考。

1 直接空冷凝汽器控制功能组具备下述启动允许条件时，运行人员手动启动空冷凝汽器控制功能组，置于"ACC 启动运行模式"，自动进行启动步序操作。

① 凝结水泵运行且水位控制投自动；

② 汽机轴封蒸汽压力控制投自动；

③ 汽机润滑油系统、盘车装置已投入；

④ 主、备真空泵已设定。

2 空冷凝汽器控制功能组具备下述停止允许条件时，允许运行人员手动停止空冷凝汽器控制功能组，置于"ACC 停止运行模式"，并自动进行停机步序操作。

① 汽机已跳闸；

② 汽机高、中压主汽门在全关位置；

③ 高旁阀、低旁阀在全关位置；

④ 按环境温度匹配的风机所出状态符合要求。

3 排汽压力控制：排汽压力控制器通过空冷凝汽器排汽压力与排汽压力设定值的 PID 函数关系，结合风机步骤程序表，其输出连续对运行风机台数（蒸汽隔离阀开/关）及风机转速进行自动控制，使冷却空气的流量与运行条件（各工况下的蒸汽量及环境温度）相协调，最终将汽机排汽压力控制在安全、合理、经济的范围内。

4 风机启动允许条件：①风机电机 A、B、C 相定子线圈温度不高；②风机电机轴承温度不高；③风机减速箱润滑油温度不低。

5 风机强制停机条件：①风机振动大；②电机任一相定子线圈温度高；③电机轴承温度高；④风机运行，减速箱润滑油压力低；⑤齿轮箱润滑油温度高。

6 冬季环境温度低于 2℃ 时，需要对空冷凝汽器进行防冻保护，防冻保护的优先级别从高至低依次为：顺流管束单元的防冻保护、逆流管束单元的防冻保护、逆流管束单元的回暖运行。

7 空冷系统投入运行前，阀子系统投入自动。

8 抽真空系统控制。

9 空冷岛清洗水泵投运与合格条件。

1）启动前的准备工作：

① 具备充足的除盐水；

② 临时凝结水放水管路及相关的必要设备已安装到位；

③ ACC 的压力监测系统已启动；

④ 主凝结水系统已准备好；

⑤ 旁路系统的喷水系统已置于自动状态；

⑥ 旁路系统已准备好；

⑦ 抽真空系统已准备好；

⑧ 所有风机已准备好，且风机可以就地/遥控控制盘上实现手动转换；

⑨ 锅炉和相关系统已准备好；

⑩ 汽轮机准备启动，汽轮机盘车装置已准备好，相关系统如供油系统，疏水系统、汽封系统等都已准备好；

⑪ 凝结水箱液位控制已经备好，检查了主凝结水泵的防干转保护功能，已准备好运行。

2）ACC 热清洗的程序：

① 启动抽真空系统；

② 旁路系统的喷水系统已置于自动状态；

③ 当凝汽系统的压力至少降低到 150mbar/a 时，通过旁路系统逐渐向凝汽系统供汽；

④ 检测凝汽系统的压力不得超过 0.6bar/a；

⑤ 调整锅炉的蒸汽量达到约额定负荷的 75%；

⑥ 启动当前清洗列的一台或几台风机（根据环境温度），以使凝汽系统的压力保持在 0.5bar（a）/80℃，保持这台或这几台风机运行约 5min；

⑦ 继续按照此周期循环的风机运行方式，直至清洗周期结束，除非除盐水不够，或排放的废水中杂质含量已达到足够低的水平；

⑧ 第一个清洗周期结束，即当所有风机运行约 10min 后，对凝结水进行采样并分析固体悬浮物的含量；

⑨ 根据需要再重复清洗周期，直到凝结水的清洁度达到充分的清洁度；总的说来，当固体悬浮物的含量达到 10ppm 并趋向于进一步减少时，可以考虑停止清洗；

⑩ 对于其余的凝汽器列也重复此程序；

⑪ 当所有凝汽器都完成热清洗后，将蒸汽和空气流量减小，尽可能将 ACC 系统的压力保持在 0.5bar/a，当蒸汽流量减少时，真空度将增加；

⑫ 关闭旁路阀，停止蒸汽供应，并将所有风机停机；

⑬ 热清洗结束之后，应将所用的仪表进行清理，因为可能有污垢藏于检测管路中，并导致将来发生故障；

⑭ 完成凝汽系统的热清洗后应将所有临时设备拆除；

⑮ 完成热清洗后，在结束汽轮机旁路运行之前，必须检查并根据需要对在凝结水泵进水口处的过滤器进行清洗，以去除悬浮物，因为它们可能会沉积在进水口过滤器上污染清洁的凝结水。

　　3）热态清洗是否合格的判定：

必须及时从排放掉的凝结水中取样，检测污垢的含量。不断重复整个凝汽器系统的热清洗过程，直到凝结水达到运行所要求的质量水平。当凝结水中悬浮物的含量小于 10ppm、铁含量＜1000μg/L 时，就达到良好的清洗结果了。最终取样的分析至少应包括：总悬浮物、总溶解物（Fe）。

8.2 维 护 保 养

8.2.1 本条是对汽轮机的维护保养的一般规定。

1 汽轮机本体通常由三个主要部分组成：①转动部分：由主轴、叶轮、动叶栅、联轴器及其他装在轴上的零件组成；②固定部分：由汽缸、喷嘴隔板、隔板套、汽封、静叶片、滑销系统、轴承和支座等组成；③控制部分：由自动主汽门、调速汽门、调节装置、保护装置和油系统等组成。巡检本体时应围绕以上三部分，发现异常情况，及时处理。

2 调速系统的作用是供应用户足够的电力，及时调节汽轮机的功率以满足外界的需要，使汽轮机的转速始终保持在额定范围内，从而把发电频率维持在额定值左右。调速系统由主油泵、油动机、错油门、危急遮断油门等组成。

3 凝汽主要设备有凝汽器、凝结水泵、抽气器、循环水泵等。凝汽器使排汽在凝汽器中不断地凝结成水，建立高度真空，将凝结时放出的热量排出，将生成的凝结水汇集送走；抽气器抽出漏入凝汽器内的空气，以维持高度真空；凝结水泵不断地把蒸汽凝结时生成的凝结水从凝汽器底部热井中抽出，并送往给水回热加热系统。

4 除氧器是锅炉给水处理过程中的关键设备之一，其作用是去除锅炉给水中的溶解氧，使之达到国家锅炉给水水质标准，以避免给水对锅炉汽包、联箱、省煤器水汽壁等受热面的腐蚀，确保锅炉长周期安全运行，并使锅炉产生的蒸汽满足各种用汽设备的要求。目前最常用且最有效的除氧器形式为热力除氧器。

9 电 气 系 统

9.1 运 行

9.1.7 生活垃圾焚烧发电厂的应急电源包括柴油发电机和 UPS 不间断电源。柴油发电机作为独立于主电源外的保安电源，若因电网失电发电机跳闸，厂备柴油发电机应快速启动，确保电厂特定设备（如给水泵、CEMS 系统、汽轮机油泵、盘车电机等）的供电，保证给水泵能正常为锅炉供水，锅炉能安全运行或停机，保证汽轮机安全运行或停机。

UPS 不间断电源，是将蓄电池（多为铅酸免维护蓄电池）与主机相连接，通过主机逆变器等模块电路将直流电转换成市电的系统设备。主要用于给 DCS、计算机网络系统或其他电力电子设备如电磁阀、压力变送器等提供稳定、不间断的电力供应。

9.1.9 照明系统运行应符合下列规定：

1 焚烧厂有正常照明和应急照明两种供电网络，正常照明采用交流 380V/220V 供电，应急照明采用直流 220V 供电。当发生电气事故交流供电中断时，事故照明电路的继电器动作，自动地把事故照明电源改由 220V 直流电源供给。凡属事故照明的灯头，一般在其灯罩上有用红漆标示的"☆"记号，以与正常照明相区别。一般在控制室、锅炉走道及楼梯口都装有事故照明。

2 随着对安全生产的要求越来越高，为保障意外发生火灾时建筑物内人员的安全疏散，保证消防和救援工作的顺利进行，应急照明的设置是十分重要的安全手段。

火灾应急照明是为在火灾发生电网停电时，供有关扑救人员继续工作和其他人员安全疏散而设置的照明设施，主要包括疏散照明和备用照明两部分。

9.2 维护保养

9.2.2 变电系统由升压变压器、厂用变压器及其保护装置设备组成。垃圾发电厂常用的变压器按冷却方式分为干式变压器油和油浸式变压器。

   1 干式变压器的维护要点：

     1）运行状况的检查：检查电压、电流、负荷、频率、功率因数、环境温度有无异常；及时记录各种上限值，发现问题及时处理；

     2）温度检查：检查干式电力变压器温度是否正常；温度异常时，不仅影响到变压器的寿命，而且会中止运行；温度计失灵，应及时修理更换；

     3）异常响声、异常振动的检查：检查外壳、铁板有无振音，有无接地不良引起的放电声，附件有无异响及异常振动，从外部能直接检测共振或异常噪声时，应立即处理；

     4）风冷装置的检查：检查声音是否正常，确认有无振动和异常温度；风机应定期手动试验；

     5）嗅味：温度异常高时，附着的脏物或绝缘件是否烧焦，发生臭味，有异常应尽早清除、处理；

     6）绝缘件线圈外观检查：绝缘件和绕注线圈表面有无碳化和放电痕迹，是否龟裂；

     7）外壳及变压器室的检查：检查是否有异物进入、雨水滴入和污染，门窗照明是否完好、温度是否正常。

   2 油浸式变压器的维护要点：

     1）温度检查：油温和温度计应正常，储油柜的油位应与温度相对应，各部位无渗油、漏油；

     2）油位检查：套管油位应正常，套管外部无破损裂纹、无严重油污、无放电痕迹及其他异常现象；

     3）油压检查：水冷却器的油压应大于水压（制造厂另有

规定者除外）；

4）转动设备检查：风扇、油泵、水泵运转正常；

5）继电器检查：油流继电器工作正常，气体继电器内应无气；

6）吸湿器检查：吸湿器完好，吸附剂干燥；

7）接线检查：引线接头、电缆、母线应无发热迹象。

9.2.6 柴油机空载启动试验记录可按表 1 填写。

表 1　柴油机空载启动试验记录表

检查项目	机油压力	冷却液温度	充电电压	输出电压	输出频率	柴油油箱液位
标准值（按设备技术文件填写）						
实测值						

10 热工仪表与自动化系统

10.1 运 行

10.1.1 仪表设备安装在工艺管道及工艺设备上，分散在全厂各个工艺点上，为工艺提供准确可靠的数据，用于监视和控制。主要目的是确保数据准确，及时传送，连锁保护可靠，保护全厂工艺设备安全运行。

热工仪表设备的功能就是用于量值传递，数据的准确可靠是基本要求，也是运行和维护工作的目标。

10.1.6 热工参数的设置修改进行权限管理，是确保数据准确和系统安全的必要手段。一般自动化系统都设工程师站和操作员站，对系统的调整和操作只能在自己权限内进行。

10.1.8 配置适量的标准仪表主要用于日常维护保养工作中，对在线的仪表设备进行调校、标定。当仪表设备出现故障又不能及时处理时，更换完好的备用仪表设备不致影响生产。

10.1.11 目前，生活垃圾发电厂的生产自动化系统与管理信息化系统处于相互分离状态，彼此不能有效结合，无法实现管控一体化，数据信息集成共享程度不高，不利于生活垃圾焚烧发电厂的综合管理。

10.2 维护保养

10.2.5 烟气在线监测是监督焚烧厂正常运行的关键。CEMS包括采样、测量分析、数据采集与处理三部分。其数据传至中央控制室显示监控，也送到户外大屏幕显示器上显示，接受公众的监督，同时通过通信接口送至当地环保部门进行实时在线监控，要求数据准确、真实可靠，系统运行可靠。烟气通过采样探头，高温伴热样气管送至分析仪进行分析。为了保证送入的烟气不失真，采样管路的密封、保温十分重要，日常维护的重点部分是采样探头、伴热管、抽气泵等，对分析仪定期用高纯氮气吹扫，避免冷凝的烟气对精密的分析仪造成腐蚀。

11 化学监督与金属监督

11.1 运 行

11.1.1 本条明确了焚烧厂化学监督和金属监督包含的内容。

11.1.3 本条提出了化验过程中，烘干、消解、使用有机溶剂和强挥发性试剂等操作的规定。

11.1.4 本条规定了生活垃圾、炉渣的检测要求和频率。

   1 按照现行行业标准《生活垃圾采样和分析方法》CJ/T 313，参照现行国家标准《煤中全水分的测定方法》GB/T 211、《煤的工业分析方法》GB/T 212、《煤的发热量测量方法》GB/T 213 进行组分分析和热值测量。

   2 炉渣热灼减率反映了垃圾的焚烧效果，应加强焚烧炉渣监测，至少每天进行一次炉渣热灼减率分析。

11.1.5 本条提出了焚烧厂水汽质量监督的原则规定。

   化学水水质、蒸汽质量按现行国家标准《火力发电机组及蒸汽动力设备水汽质量》GB/T 12145 进行检测。化学水水质、蒸汽质量检验项目和周期见表2。

表2 化学水水质、蒸汽质量检验项目和周期

过热蒸汽饱和蒸汽		锅炉水水质			给水水质			凝结水水质				检测周期
钠	二氧化硅	pH值	磷酸根	总碱度	硬度	溶解氧	pH值	硬度	溶解氧	电导率	钠	
			√		√			√	√	√	√	每4h一次
√	√	√		√		√						每8h一次

   1 化学水处理系统运行中应根据化学水水质、蒸汽质量检

测情况及锅炉用水量对系统工况进行调节。当锅炉及其热力系统中某种水、汽样品的监测结果表明其水质或汽质不良时，应首先检查其取样和测定操作是否正确，必要时应再次取样测定，进行核对。当确证水质、汽质劣化时，应分析原因并采取措施，使其恢复正常。水质、汽质与锅炉及其热力系统的设备结构和运行工况等有关，各种情况下造成劣化的原因不一，常见的原因及处理方法见表3～表7。

1）蒸汽汽质劣化的原因及其处理方法见表3。

表3 蒸汽汽质劣化的原因及处理方法

劣化现象	一般原因	处理方法	备注
含钠量或含硅量不合格	锅炉水的含钠量或含硅量超过极限值	见表4中与"劣化现象"栏2相对应的"处理方法"	
	锅炉的负荷太大，水位太高，蒸汽压力变化过快	根据热化学试验结果，严格控制锅炉的运行方式	
	喷水式蒸汽减温器的减温水质不良	见表6	
	锅炉加药浓度过大或加药速度太快	降低锅炉加药的浓度或速度	
	汽水分离器效率低或各分离元件的接合不严密	消除汽水分离器的缺陷	
	洗汽装置不水平或有短路现象	消除洗汽装置的缺陷	

2）锅炉水水质劣化的原因及处理方法见表4。

表4 锅炉水水质劣化的原因及处理方法

劣化现象	一般原因	处理方法	备 注
外状浑浊	给水浑浊或硬度太大	见表5中与"劣化现象"栏1相对应的处理方法	

劣化现象	一般原因	处理方法	备　注
外状浑浊	锅炉长期没有排污或排污量不够	严格执行锅炉的排污制度	
	新炉或检修后锅炉在启动的初期	增加锅炉排污量直至水质合格为止	
含硅量、含钠量（或电导率）不合格	给水水质不良	见表 5 中与"劣化现象"栏 3 相对应的处理方法	
	锅炉排污不正常	增加锅炉排污量或消除排污装置的缺陷	
磷酸根不合格	磷酸盐的加药量过多或不足	调整磷酸盐的加药量	锅炉水磷酸根过高时，应注意加强蒸汽汽质监督并加大排污，直至磷酸根合格
	加药设备存在缺陷或管道被堵塞	检修加药设备或疏通堵塞的管道	如因锅炉给水硬度过高，引起锅炉水磷酸根不足时，应首先降低给水硬度
炉水 pH 值低于标准	给水夹带酸性物质进入锅内	增加磷酸盐的加药量，必要时投加氢氧化钠溶液	查明凝汽器是否泄漏，再生系统酸液是否漏入除盐水中，除盐水是否夹带树脂等，杜绝酸性物质的来源
	磷酸盐的加药量过低或药品错用	调整磷酸盐的加药量或药品配比，检查药品是否错用	
	锅炉排污量太大	调整锅炉排污	

3）给水水质劣化的原因及处理方法见表5。

表5 给水水质劣化的原因及处理方法

劣化现象	一般原因	处理方法	备 注
硬度不合格或外状浑浊	组成给水的凝结水、补给水、疏水或生产返回水的硬度太大或浑浊	查明硬度高或浑浊的水源，并将此水源进行处理或减少其使用量	应加强锅炉水和蒸汽汽质的监督
	生水渗入给水系统	消除生水渗入给水系统的可能性	
溶解氧不合格	除氧器运行不正常	调整除氧器的运行	
	除氧器内部装置存在缺陷	检查除氧器	
含钠量（或电导率）、含硅量不合格	组成给水的凝结水、补给水、疏水或生产返回水的含钠量或电导率、含硅量不合格	查明不合格的水源，并采取措施使此水源水质合格或减少其使用量	应加强锅炉水质和蒸汽汽质的监督

4）喷水式减温器减温水水质劣化的原因及处理方法见表6。

表6 喷水式减温器减温水水质劣化的原因及处理方法

劣化现象	一般原因	处理方法	备 注
含钠量、含硅量不合格	作减温水用的凝结水水质不良	见表7中与"劣化现象"栏1相对应的处理方法	如因给水系统运行方式不当而造成减温水质量劣化时，应调整给水系统的运行方式
	生水或不合格水漏入减温水系统	查明漏入原因，并采取措施消除	

5）凝结水水质劣化的原因及处理方法见表7。

154

表 7　凝结水水质劣化的原因及处理方法

劣化现象	一般原因	处理方法	备　注
硬度或电导率不合格	凝汽器铜管泄漏	查漏和堵漏	
溶解氧不合格	凝汽器真空部分漏气	查漏和堵漏	
	凝汽器的过冷却度太大	调整凝汽器的过冷却度	
	凝结水泵运行中有空气漏入（如盘根漏气时）	换用另一台凝结水泵，并检修有缺陷的凝结水泵	

2　焚烧锅炉化学补给水系统包括水的预处理和除盐处理，可选择的工艺较多，各焚烧厂应根据实际情况确定具体的运行规程。

3　循环冷却水在使用之后，水中的 Ca^{2+}、Mg^{2+}、Cl^-、SO_4^{2-}等离子，溶解固体和悬浮物相应增加，空气中污染物如灰尘、杂物、可溶性气体等，均可进入循环冷却水，使循环冷却水系统中的设备和管道腐蚀、结垢，造成换热器传热效率降低，过水断面减少，甚至使设备管道腐蚀穿孔。循环冷却水系统中结垢、腐蚀和微生物繁殖是相互关联的，污垢和微生物黏泥可以引起垢下腐蚀，而腐蚀产品又形成污垢。故焚烧厂应加强循环水水质监督，防止凝结水管腐蚀和结垢，提高汽轮机运行效率。

11.1.6　本条提出了焚烧厂危险化学品管理的规定。

11.1.7　本条是对油质监督的一般规定。运行中变压器油和汽轮机油质量标准、常规检验周期和检验项目等应符合现行国家标准《运行中变压器油质量》GB/T 7595 和《电厂运行中矿物涡轮机油质量》GB/T 7596 等的规定。

1　运行中变压器油的质量按现行国家标准《电力用油（变压器油、汽轮机油）取样方法》GB/T 7597 进行取样，按《运行中变压器油质量》GB/T 7595 进行检测，检验项目和周期见表 8。

表8 运行中变压器油检验项目和周期

设备等级分类		检测项目											检测周期
		水溶性酸	酸值	闪点	机械杂质	游离碳	水分	界面张力	介质损耗因素	击穿电压	含气量	体积电阻率	
互感器	≥220kV	√			√		√			√		√	每年至少一次
	35kV～110 kV												3 年至少一次
油开关	≥110 kV												每年至少一次
	<110 kV	√			√					√			3 年至少一次
	少油开关												3 年至少一次 或换油
套管	110kV 及以上	√										√	3 年至少一次
电力变压器	220kV～500kV												半年至少一次
	≤110kV 或 >630kVA	√	√	√	√		√	√	√	√		√	每年至少一次
配电变压器	≤630kVA	√	√	√	√					√			3 年至少一次
厂所用变压器	≥35kV 或 1000kVA 及以上	√	√	√	√					√		√	每年至少一次

2 运行中汽轮机油的质量按现行国家标准《电力用油（变压器油、汽轮机油）取样方法》GB/T 7597 进行取样，按现行国家标准《电厂运行中矿物涡轮机油质量》GB/T 7596 进行检测，检验项目和周期见表9。

表9 运行中汽轮机油检验项目和周期

检测项目								检测周期
外状	运动黏度	闪点	机械杂质	酸值	液相锈蚀	破乳化度	水分	
√			√				√	每周一次
√	√	√	√	√	√	√	√	半年至少一次

注：机组运行正常，可以适当延长检验周期，但发现汽轮机油中混入水分时，应增加检验次数，并及时采取措施。

11.1.8 本条是对辅助燃料质量监督的原则规定。

11.1.9 六氟化硫（SF$_6$）气体，20 世纪 60 年代开始作为绝缘媒质和灭弧媒质使用于某些电气设备（首先是断路器）中，至今已是除空气外应用最广泛的气体介质。气体绝缘电气设备中封闭式气体绝缘组合电器（GIS），由断路器、隔离开关、接地刀闸、互感器、避雷器、母线、连线和出线终端等部件组合而成，全部封闭在 SF$_6$ 金属外壳中。

11.1.10 本条是对焚烧厂金属监督的一般规定。

11.2 维 护 保 养

11.2.1 本条是对化验室仪器维护保养的一般规定。

11.2.2 本条是对贵重精密的仪器、大型检测分析仪器等维护保养的规定。正确使用仪器，责任到人。加强对贵重精密的仪器、大型检测分析仪器使用人员的培训工作，仪器使用人员一定要了解仪器的原理、性能和特点，熟练操作使用技术，仪器的使用必须严格遵守使用说明书中操作规程进行。如果仪器出现故障在关键部位时，必须请专业维修人员进行维修，不得私自进行维修。

11.2.4 本条是对化验室环境的规定。

1 化验室主要担负生产过程中水汽品质的监督、生活垃圾热灼减率的监督分析、运行中各种油质的分析监督、进厂物资的验收、化学环保方面的各种监督等任务，使用的分析方法大多为国家规定的标准方法，分析数据具有较为准确的参考价值，在生产中具有不可替代的重要地位。因此化验室的环境必须符合要求。化验中使用的仪器、试剂、用品，用完后要及时清理，并放回原处，保持化验室的整洁。

2 化验室工作人员应随时留意周围的环境因素变化，如灰尘、电磁干扰、湿度、温度、电压、噪声、微生物菌种的变化，以免影响化验工作的质量，一旦发现周围有影响化验工作质量的因素存在，应立即向有关部门报告，并及时采取解决措施。

12 公用系统及建（构）筑物的维护保养

12.1 公用系统运行

12.1.3 本条提出了除盐水制备系统运行的一般规定。

原水水质不合格时，需要经过预处理。原水预处理的目的是在原水未进入下道工序之前，预先对其进行混凝、澄清、沉淀和过滤处理，以除去水中的胶体和悬浮物。常用的除盐水制备方法包括：①反渗透；②离子交换法；③电去离子法等。

反渗透的预处理要求比离子交换法严格，主要目的是解决如下问题：

1）防止反渗透膜面结垢（包括 $CaCO_3$、$CaSO_4$、$SrSO_4$、CaF_2、SiO_2、铁、铝氧化物等在膜面沉积）；

2）防止胶体物质及悬浮固体微粒污堵；

3）防止有机物的污堵；

4）防止氧化性物质对膜的氧化破坏；

5）保证进水水温，保持反渗透装置产水量稳定。

该过程主要设备包括加热器、加药装置、多介质过滤器、活性炭过滤器、保安滤器等。

离子交换系统运行时，经阳床交换后，原水中绝大部分的阳离子将被除掉而变成软水，阳床出水呈酸性。阳床运行周期一般设计为 $24h\sim48h$，若要更长时间，则设备和树脂将增大，不经济。失效后的阳树脂可以用盐酸或硫酸进行再生。阴床的作用原理与使用要求与阳床类似，只是去阴离子。阴树脂失效后选用氢氧化钠再生。

电去离子净水技术是一种将电渗析和离子交换相结合的水处理新工艺，它不用使用酸碱药剂再生，没有二次污染，自动化程度高，降低劳动强度，适用范围广，运行成本低，稳定性好。

12.1.6 本条提出了压缩空气系统运行的一般规定。

仪表压缩空气主要用于调节阀气源，用于设备气缸等。要求压力满足调节阀和气缸动力要求，满足各种控制、计量仪表的正常工作。同时仪表压缩空气正常与否，直接影响装置生产的平稳运行。焚烧厂应根据具体情况确定仪表压缩空气规格。

工艺压缩空气用于管道吹扫、过滤器滤芯、气力输送、包装吹包等。工艺压缩空气的压力必须满足工艺要求，要求干燥、露点不能过高（需低于当地最低气温），以免在使用过程中积水，需要经过除油除尘处理。焚烧厂应根据具体工艺确定压缩空气规格。

12.2 公用系统维护保养

12.2.1～12.2.3 对焚烧厂各种储水设施、转动机械、管道阀门等设施设备巡检的一般规定。

12.2.4 本条是对除盐水制备系统维护保养的一般规定。

在长期运行过程中，反渗透膜面上会积累各种污染物，从而使装置的性能（产水量和脱盐率）下降，组件进、出口压差升高。为此，除日常启停装置前进行低压冲洗外，还需进行定期化学清洗。

12.2.5 本条是对压缩空气系统维护保养的规定。

1 压缩机冷却润滑油的更换时间取决于使用环境、湿度、尘埃和空气中是否有酸碱性气体。新购置的空压机首次运行500h更换新油，以后按正常换油周期每4000h更换一次，年运行不足4000h的机器应每年更换一次。在运行状态下，压缩机的油位应保持在最低与最高油位之间，油多会影响分离效果，油少会影响机器润滑及冷却性能，在换油周期内，如果油面低于最低油位，应及时补充润滑油。

2 油过滤器在第一次开机运行300h～500h必须更换，第二次在使用2000h更换，以后则按正常时间每2000h更换。油滤堵塞会使油中的杂质增多，造成压缩机本体轴承提早磨损与损坏，给油量减少使空压机排气温度上升而造成异常停机，油路系统内部变脏。空气过滤器若不维护，空气产气量减少压力下降，加快油劣化的速度，使油雾分离器堵塞，造成空压机异常停止或使消费电量增大。

12.3 建（构）筑物维护保养

12.3.1 本条是对建筑物维护保养的一般规定。

12.3.2 本条是对构筑物维护保养的一般规定。

12.3.3 本条是对钢结构维护保养的规定。

1 钢结构应定期进行清洁保养，一般至少每年进行常规检查一次，以发现潜在的问题；

2 钢结构房屋安装完整后，不得擅自更改结构，不得拆卸任何螺栓构件，不得增加或减少隔墙，如需要更改应与钢结构制造公司协商同意后方可改变；

3 钢结构在使用了3年左右后应用油漆保养一次，使建筑美观与安全；

4 钢结构厂房应每年进行清洁和保养。钢结构厂房外墙清洗时不能使用钢丝球、板刷等有研磨的洗洁产品，洁净水应该从上到下冲洗。钢结构厂房上有树枝、树叶等类似物体应及时清理。钢结构厂房金属板表面损坏应及时修补。

13 炉渣收集与输送系统

13.1 运　　行

13.1.1 本条对炉渣收集与输送运行作出规定。

根据现行国家标准《生活垃圾焚烧污染控制标准》GB 18485 的规定，焚烧炉与除尘设备收集的炉渣与焚烧飞灰应分别收集、储存和运输；焚烧炉渣按一般固体废物处理，而焚烧飞灰应按危险废物处理。

13.1.2 本条为强制性条文。炉渣抓斗起重机属于特种设备，必须经地方特种设备监督部门监测合格，并在许可的有效期内使用。

13.1.6 本条是对热灼减率检测不合格的炉渣的处理方法。

13.1.7 在炉渣车辆运输过程中，对运输车辆应有密封措施、车体清洁，以免炉渣的撒落。

13.1.8 焚烧厂运行的重要数据，应妥善管理。焚烧厂应做好出厂炉渣量、车辆信息的记录、存档工作，便于焚烧厂的运营管理。

13.2 维护保养

13.2.1～13.2.3 对炉渣收集和输送系统常用设备维护保养的一般规定。

13.2.4 本条是对垃圾渣抓斗起重机维护保养的一般规定。

1 钢丝绳应定期润滑，润滑前应用煤油清洗旧油和污物；当钢丝绳断丝数超过 12 根时钢丝绳应报废。

2 检查主梁、端梁和主、端梁连接的主要焊缝，如发现有裂纹，应停止使用，进行焊补。当发现主梁有残余变形时（或腹板失稳）应停止使用，进行修复。

3 减速器内要保持一定的油量，减速器工作时发出刺耳的噪声和撞击声时，应进行检查和维修。轴承应始终保持润滑状态，重新涂油前应用油洗净，轴承温度太高或噪声很大时应检查，有缺陷的轴承应立即更换。

4 起重机构的制动器在行车使用前应检查制动系统，各部分动作应灵活，闸瓦正确贴在制动轮上，闸瓦表面应无损坏和油污，闸瓦张开时在制动轮两侧间隙相等。

14 飞灰处理系统

14.1 运 行

14.1.1 根据《国家危险废物名录》，垃圾焚烧飞灰属于危险废物，飞灰处置应符合现行国家标准《生活垃圾焚烧污染控制标准》GB 18485 的有关规定，同时满足该项目环境影响评价批复和竣工环境保护验收要求。

为加强对危险废物转移的有效监督，危险废物转移执行联单制度，根据《中华人民共和国固体废物污染环境防治法》有关规定，制定了《危险废物转移联单管理办法》。

转移联单制度，又称之为废物流向报告单制度，是指在进行危险废物转移时，其转移者、运输者和接受者，不论各环节涉及者数量多寡，均应按国家规定的统一格式、条件和要求，对所交接、运输的危险废物如实进行转移报告单的填报登记，并按程序和期限向有关环境保护部门报告。

实施转移联单制度的目的是为了控制废物流向，掌握危险废物的动态变化，监督转移活动，控制危险废物污染的扩散。

14.1.2 本条对飞灰收集、运输及储存作出了一般规定。

1 飞灰吸潮后易板结，给收集、输送、储存及处理带来不便，焚烧厂在运行中应保证飞灰设施的保温良好、加热装置和振打工作正常，始终保持飞灰具有流动性；

2 采用气力输灰时，应保持仓泵及其管路系统无堵塞；

3 焚烧厂应做好飞灰产生量、出厂量、处理量、车辆信息等记录、存档工作，便于焚烧厂的运营管理。

14.1.4 本条是对飞灰稳定化处理运行提出的规定。

《危险废物污染防治技术政策》第 9.3.1 条和第 9.3.2 条规定：生活垃圾焚烧飞灰不得在产生地长期储存，不得进行简易处理，不得排放，生活垃圾焚烧飞灰在产生地必须进行必要的固化和稳定化处理后方可运输，运输需要使用专用运输工具，运输工具必须密封。

稳定化处理是目前国内应用最多的飞灰处理方式，稳定化处理系统应正常处理飞灰，加强监测，保证螯合剂、飞灰、水等投加比例合理，确保处理飞灰满足环保要求。

14.1.5 飞灰作业时，应采取有效措施防止运行人员直接接触，避免人员伤害。

14.2 维 护 保 养

14.2.1 本条是对机械输灰设备维护保养的一般规定。

14.2.2 本条是对气力输灰设备维护保养的一般规定。

14.2.3 本条是对飞灰稳定化处理设备维护保养的一般规定。

15 渗沥液处理系统

15.1 运 行

15.1.3 本条是对预处理系统运行作出的规定，其中：

1 垃圾渗沥液收集格栅在沥水过程中容易堵塞，应及时清理，保障垃圾渗沥液沥水通畅，及时将垃圾池渗沥液导排出去，既可增加入炉垃圾热值，又能减少臭味散发。

格栅清除的栅渣截留物中，含有大量有机污染物，不及时处理或处置会腐败产生恶臭，影响环境卫生及人身健康。格栅栅渣可最终送往垃圾池焚烧处置。

2 应保证较好的初沉池排泥效果，根据污泥的沉降性能、泥层厚度等确定合适的排泥频率和时间，排放的污泥含水率应小于97％。一次排泥时间不能过长，否则污泥含水率过高，一般夏季可适当缩短排泥间隔时间，防止时间过长污泥厌氧，造成污泥上浮。

及时清除调节池中的大量沉淀物，并应根据调节池调节效果适时排出增长的生化污泥，确保调节池的有效调节容积。

15.1.4 本条是对生化处理系统运行作出的规定，其中：

1 厌氧反应器的运行（以 UASB 厌氧反应器为例）：

1）一般来说，在厌氧反应器中培养出高浓度、高活性的颗粒污泥，一般需要（1～3）个月甚至更长时间，其培养过程一般分为三个阶段：驯化启动期、颗粒污泥形成期、颗粒污泥成熟期。在选择启动接种污泥时应尽量采用与所处理废水相似的污泥作为接种物，以缩短反应器启动和培养颗粒污泥时间。一般可选择污泥消化池污泥、厌氧污泥、猪粪、牛粪等。

由于厌氧微生物增殖缓慢，要保持反应器有较高的污泥浓度，污泥接种量最好要一次投加足。污泥量多可减少启动时间，尽快达到设计负荷，避免因污泥流失造成启动失败。以 UASB 厌氧反应器为例，建议污泥接种量在 30g/L 以上，其中 VSS 在 60％以上。

2）应根据运行工况及时调整反应器污泥负荷和容积负荷。

应保持反应器内稳定的运行环境条件，如温度、pH 值等。

启动初期，应保持较低的水力负荷，在颗粒污泥初步形成之后，则应增强水力负荷，加快颗粒污泥形成。水力负荷过小，不能将反应器底部污泥充分搅起，传质效率低，对污泥的水力筛选作用弱，很难培养出颗粒污泥；水力负荷过大，可能导致污泥大量流失，导致运行失败。

启动初期，宜保持水力负荷 $0.1m^3/(m^2 \cdot h)$ ～ $0.35m^3/(m^2 \cdot h)$，颗粒污泥初步形成之后，则应逐步增强水力负荷至 $0.6m^3/(m^2 \cdot h)$ 以上，以加强水力筛选、分级的作用，加快颗粒污泥形成。

启动初期，应控制反应器的初始污泥负荷为 $0.05kgCOD/(kg 污泥 \cdot d)$ ～$0.1kgCOD/(kg 污泥 \cdot d)$，容积负荷一般应小于 $0.5kgCOD/(m^3 \cdot d)$；随着运行时间的延长，可以逐渐提高反应器的污泥负荷和容积负荷，当污泥负荷在 $0.3kgCOD/(kgVSS \cdot d)$ ～$0.4kgCOD/(kgVSS \cdot d)$ 时，可出现颗粒污泥；污泥负荷在 $0.4kgCOD/(kgVSS \cdot d)$ 时，颗粒化速度加快。在启动运行期后，应将污泥负荷提高到 $0.4kgCOD/(kgVSS \cdot d)$ 以上。

污泥投加完毕后，厌氧微生物对反应器的 pH 值、温度等外部环境以及所处理废水要有一个适应过程，这个阶段称为污泥的驯化。保持 pH 值、温度稳定有助于保持反应器连续稳定运行。UASB 最佳 pH 值范围是控制出水 pH 值在 6.8～7.2 之间，一般情况下，当进水 pH 值在 6

～9之间时不需要进行调整。污泥接种完毕后，开启循环将反应器中温度提升至设计所需温度，温度上升不能过快，应控制在 2℃/d～3℃/d。尽量保证反应器内温度不发生大的波动，给细菌生长提供有利环境。

污泥投加完毕后，应逐步向反应器投加一定量的渗沥液，随时观察污泥生长情况，发现异常及时解决。投加污泥后采用稀释后的渗沥液（COD 浓度约 5000mg/L）浸泡，循环 2d 后向反应器投加一定数量的渗沥液，在反应器中闷一段时间，约 3d～4d 后开始间歇投料，此时上次投加废水中易降解的有机物基本被厌氧生物所利用。启动负荷控制在 1kgCOD/m³·d，当 COD 去除率在 80%以上时可认为污泥驯化成功。若污水可生化性差，应添加一些营养物质。要测定废水的 C、N、P 含量，若 N 或 P 含量低，要向废水中添加尿素或 $NH_4H_2PO_4$ 等物质，使 C：N：P 在（200～300）：5：1 之间。

UASB 启动常见问题及解决办法见表 10。

表 10　UASB 启动常见问题及解决办法

存在问题	原　因	解决方法
污泥生长过慢	营养物不足，微量元素不足；进液酸化度过高；种泥不足	增加营养物和微量元素；减少酸化度；增加种泥
反应器负荷较大	反应器污泥量不够；污泥产甲烷活性不足；每次进液量过大间断时间短	增加种污或提高污泥产量；减少污泥负荷；减少每次进液量加大进泥间隔
污泥活性不够	温度不够；产酸菌生长过快；营养或微量元素不足；无机物 Ca^{2+} 引起沉淀	提高温度；控制产酸菌生长条件；增加营养物和微量元素；减少进泥中 Ca^{2+} 含量
污泥流失	气体集于污泥中，污泥上浮；产酸菌使污泥分层；污泥脂肪和蛋白过大	增加污泥负荷，增加内部水循环；稳定工艺条件增加废水酸化程度；采取预处理去除脂肪蛋白

续表 10

存在问题	原　因	解决方法
污泥扩散颗粒污泥破裂	负荷过大； 过度机械搅拌； 有毒物质存在； 预酸化突然增加	稳定负荷； 改水力搅拌； 废水清除毒素； 应用更稳定酸化条件

2 硝化池的运行：

1）为了使系统能尽快地启动起来，接种污泥尽量选用与渗沥液相似的新鲜活性污泥。在硝化池中投入好氧污泥，依次进行闷曝、静沉、进水、驯化等步骤完成好氧池污泥接种。随时观察驯化情况，发现异常及时解决。接种污泥运到现场后，将好氧污泥（污泥浓度约 40g/L）均匀投入硝化池内，用清水稀释 4 倍，在只曝气而不进水的情况下进行"闷曝"。

闷曝：保证溶解氧浓度在 2mg/L ～4mg/L，连续进行鼓风曝气 2d～3d，以活化好氧菌，闷曝期间要每天对生化池内污水 COD、氮、磷指标进行分析检测，每天对活性污泥微生物进行显微镜观察，并根据检测结果对生化反应池进行间歇换水，必要时还要投加一些氮、磷营养盐。当池内污水大部分有机物已被活性污泥微生物利用，各项污染指标均有大幅下降，此时需要对曝气池进行静沉换水操作了。

静沉：将曝气机停止，待泥水混合液静止沉淀 1h 后，向池中进新鲜渗沥液。

进水：按闷曝-静沉-进水的顺序不断反复上述步骤，一般需要 10d ～15d。当检测到的 COD 值无明显变化且低于 2000mg/L 时，向硝化池补充渗沥液，渗沥液注入比例和提升速度根据系统对污染物的分解情况和菌种生产状态来确定。第一次进水控制在池容的 10％～20％，以后根据活性污泥微生物适应情况进行调整。

当接种污泥活性得到恢复，形成较大的活性污泥絮凝颗粒，污泥体积明显增长，每次换水后经 10h 左右，COD 去除率达到 40% 以上，这时可以进入较低负荷联动驯化阶段。

驯化：联动驯化初期，应连续进水，进水负荷控制为设计负荷的 30% 左右，溶解氧控制在 2mg/L～4mg/L 之间。系统连续低负荷运行后，如果活性污泥微生物适应能力强，活性污泥连续增长，COD 去除率达到 50% 以上，这时可逐步提高进水负荷，每天可按设计处理量的 1/5 递增进水，直至达到设计处理量。此段工作大约 2 个月左右。

2）硝化池混合液溶解氧浓度宜为（2mg/L～4mg/L）。当溶解氧低于 2mg/L 时，易引起丝状菌生长，活性污泥絮体变小，沉降性能差等现象；但溶解氧不是越高越好，过高的溶解氧本身是能源的浪费，另外也造成过度曝气微生物自身氧化（尤其是污泥负荷低时），造成污泥絮粒因过度搅拌而打碎（尤其是污泥老化时）。硝化池运行异常情况及处理方法见表 11。

表 11　硝化池运行异常情况及处理方法

异常情况	原因分析	处理方法
硝化池 pH 值降低	污泥发酵	加石灰水上清液（或碱）中和至 pH 值在 6.8～7.8
硝化池中的混合液不易沉降	曝气强度太大	减少曝气量或停止进水对水池闷曝
	营养物比例失调	投加尿素、磷肥等营养物调节 N、P 的比例
硝化池泡沫多	投加的营养物未经消化	降低曝气量，降低进水量
	污水中含表面活性剂	回流部分污水至反硝化池，生化法脱磷，或加消泡剂或加机油、煤油

3）当池面出现大量白色气泡时，说明池内混合液污泥浓

度太低，在培养活性污泥初期或回流污泥浓度低、回流量少时，可能出现上述情况。此时，应设法增加污泥浓度。但是，当生物反应池液面出现大量棕黄色气泡或其他颜色气泡时，可能由于进水中含碳量太高，丝状菌大量繁殖，或进水中含有大量的表面活性剂等原因。这时应采用降低污泥浓度，减少曝气的方法，使之逐步缓解。另外采取喷淋水或消泡剂等方式可在短时间内迅速抑制泡沫扩散。

  4）通过进、出水 COD、SS、pH 值检测，记录反硝化池、硝化池处理效果。通过污泥沉降比（SV）和溶解氧检测，以及时调节回流污泥量和空气量。

 3 反硝化池的运行：

  1）接种污泥运到现场后，用污泥泵均匀投到反硝化池中，厌氧池连续进行搅拌，保证污泥处于良好的悬浮状态。

  2）当溶解氧低于 0.5mg/L 时，即为缺氧状态。在缺氧条件下且存在足量的 NO_3^- 时，反硝化菌是只能利用 NO_3^- 中的化合态氧分解有机物，并将 NO_3^- 中的氮转化成 N_2，从而达到脱氮的效果。实践证明，当溶解氧高于 0.5mg/L 时，脱氮效果将明显下降。

15.1.5 本条是对膜处理系统运行作出的规定，其中：

 1 启动前应检查系统是否具备开机条件。确保给水水压正常，给水水质满足膜系统运行要求；检查所有管道之间连接是否完善紧密；系统全部压力表、流量表等各种热工、化学分析仪表符合投入条件；运行中监督化验所用的各种药剂、试剂、分析仪器已配备齐全；各取样管路畅通，取样阀门开关灵活；加药泵、反洗泵处于待用状态，药箱内有充足的药液；各阀门转动灵活，位置正确。经确认后方可开机。

  启动时，在低压和低流速下排掉系统中所有的空气；调节进水和浓水的节流阀，逐渐增大压力和流速到设计值；取浓水样品分析，确定有无结垢、沉淀和污染的可能；检查和试验所有在线传感器，设定连锁点、时间延时保护和报警等；系统达到设计条件后，运行 1h～2h 全排放，去掉残存的制膜试剂或杀菌保护试剂。

系统停机后，再启动前应低压冲洗，以冲走静置时膜表面上变疏松的沉淀物等。

2 每日记录流速、压力、进水温度、操作延续时间、清洗或非正常事件等；每日检测电导、SDI、浊度、游离氯、pH 值；启动时及以后每 3 个月，对进水、渗透水和浓水做全化学分析；发现故障及时排查。

膜系统常见故障及对策见表 12、表 13。

表 12 超滤系统常见故障及对策

故障表现	可能原因	处理措施
进水水质不合格	生化段不合格	加强生化段处理工艺
供水压力低或供水量不足	水泵反向转动	重新接电源线
	水泵进水管漏气	堵塞透气口
	精密过滤器堵塞	清洗或更换过滤器滤芯
压力降增大	流体受阻	疏通水道
	流速过快	减少浓水排放量
产水量下降超过初始产水量的 20%	膜被杂质覆盖	进行化学清洗和加药杀菌
	跨膜压差太小	增大进水压力，但不超过 0.2MPa
截留率下降，出水水质恶化	浓差极化	大流量冲洗
	接头泄漏	更换密封圈
	膜破损	更换新组件
系统不制水	进水压力过高	调节超滤主机进水蝶阀
	超滤水箱水位过高	等产水箱水位下降后才能启动

表 13 纳滤/RO 常见故障及对策

症状			位置	可能原因	证实	校正措施
透盐率	渗透流速	压力降				
大增	降	大增	主要在第一级	金属氧化物污染	分析清洗液中金属离子	改进预处理，酸洗
大增	降	大增	主要在第一级	胶体污染	测进水 SDI，清洗液残留物，X 射线分析	改进预处理，高 pH 值下阴离子洗涤剂清洗
增	降	增	主要在最后一级	钙垢和 SiO_2	检查浓水中的 ISI，分析清洗液中的金属离子	增加酸和防垢剂添加量，降低回收率，酸洗
大、中增	降	大、中增	各级	生物污染	渗透水、浓水细菌计数，管路和压力容器黏液分析	预处理以氯气消毒，换保安滤器，以 $NaHSO_3$ 高剂量冲洗，甲醛消毒，低 pH 值下连续供给低浓度 $NaHSO_3$
降或中增	降	正常	各级	有机污染	破坏性红外线分析	改进预处理，高 pH 值下洗涤剂清洗
增	增	降	主要在第一级	膜被结晶物磨损	进水固体显微观测，元件破坏性检查	改进预处理，各种过滤器检测
增	大降	降	各级	回收率太高	检查各流量和压力	降低回收率，校准传感器，增加数据分析

　　3　超滤系统浓水应均匀回流至反硝化池；纳滤/反渗透浓缩液宜回喷炉内焚烧处理。

15.1.6　污泥脱水设备应按技术规定操作运行，脱水后污泥含水率不应大于 80%，污泥经脱水后，宜送回炉内焚烧处理。

15.1.7　本条是对沼气处理和恶臭防治系统运行的规定，其中：

　　1　应保持垃圾渗沥液处理设施、设备及管网清洁，及时处理跑、冒、滴、漏、堵等问题，防止污染地下水和产生恶臭污染，保证工艺卫生要求，实现清洁生产。

2 在沼气容易聚集的地方设置沼气传感器，在线监测沼气浓度，防止爆炸。

15.2 维护保养

15.2.1 定期巡检渗沥液预处理系统设施及设备，按技术要求进行维护保养。特别注意：

1 定期检查设备及管道的易结垢部位，并应及时清理。

2 及时更换腐蚀部件，并应定期做防腐处理。

3 定期巡视渗沥液收集、处理区域的有害气体监测仪，对潮湿环境应做好防范措施。

4 确保各种工艺管线、闸阀及设备着色及标识完整，并符合现行行业标准《城市污水处理厂管道和设备色标》CJ/T 158的规定。

5 污水处理系统压力管道、容器的安全运行、维护应符合《特种设备安全监察条例》（国务院令第 373 号）等有关规定，污水处理设施的安全运行、维护应符合现行行业标准《城镇污水处理厂运行、维护及其安全技术规程》CJJ 60 的规定。

15.2.3 应及时采用适宜的清洗方法对膜进行清洗和消毒。

1 超滤膜清洗宜采用物理-化学相结合清洗法，首先采用等压大流量冲洗法，如未达到效果，再采用化学清洗法。出现下列情况之一时，应对超滤装置进行清洗：

　1）压力降超过初始值 0.05MPa 时；

　2）透过水的数量或质量下降 10%～15% 时；

　3）运行 2 个月～3 个月时；

　4）长期停运时，在用膜保护液之前。

2 纳滤/反渗透宜采用化学清洗法。出现下列情况之一时，应进行化学清洗：

　1）产水量下降 10%～15% 时；

2）进水压力增加 10%～15% 时；

3）各段压力差增加 15% 时；

4）盐透过率增加 50% 时；

5）运行（2～3）个月时；

6）长期停运时，在用膜保护液之前。

3 根据产品技术手册及检测分析结果，选择合适的清洗剂，清洗剂应与膜类型有相容性，对系统无腐蚀。

4 根据产品技术手册定期清洗及消毒。

应根据膜污染的特征，检测分析污染物，选择合适的清洗剂清洗，不同膜污染的特征可参考表 14。

表 14 不同膜污染的特征

污染物	原因	一般特征		
		盐透过率 SP	组件压差 Δp	产水量 V_p
金属氢氧化物	$Mn(OH)_2$、$Fe(OH)_3$ 等沉淀，多在第一级	明显增加	明显增加，为主要表现	明显下降
水垢	浓差极化，微溶盐沉淀，多在最后一级	适度增加	适度降低	适度降低
胶体	SiO_2、$Al_2(SiO_3)_3$、$Fe_2(SiO_3)_3$ 等	适度增加	增加较明显，为主要表现	适度降低
生物污染	微生物（细菌）在膜表面生长，发生较缓慢	适度增加	适度增加	明显降低，为主要表现
有机物	有机物附着和吸附	较轻增加	适度增加	明显降低，为主要表现
细菌残骸	无甲醛保护而存放	明显增加	明显增加	明显降低

化学清洗常用试剂：

1）酸：有 HCl、H_2SO_4、H_3PO_4、柠檬酸、草酸等。酸对 $CaCO_3$、$Ca_3(PO_4)_2$、Fe_2O_3、Mn_nS_m 等有效，对

SiO_2、$MeSiO_3$、有机污染物等无效。其中柠檬酸常用，其缺点是与 Fe^{2+} 形成难溶化合物，这时可用氨水调节 pH 值＝4，使 Fe^{2+} 形成易溶的铁铵柠檬酸盐来解决。

2）碱：有 PO_4^{3-}、CO_3^{2-} 和 OH^- 等，对污染物有松弛、乳化和分散作用，与表面活性剂一起对油、脂、污物和生物物质有去除作用；另外对 SiO_3^{2-} 也有一定效果。

3）螯合剂：最常用为 EDTA，与 Ca^{2+}、Mg^{2+}、Ba^{2+}、Fe^{3+} 等形成易溶的络合物，故对碱土金属的硫酸盐很有效。其他螯合剂有磷羧酸、葡萄糖酸、柠檬酸和聚合物基螯合剂等。

4）表面活性剂：降低膜的表面张力。起润湿、增溶、分散和去污作用，最常用的为非离子表面活性剂，如 Triton X-100。但应注意目前复合膜与 Triton X-100 不相容。

5）酶：蛋白酶等，有利于有机物的分解。

膜清洗剂一般选择原则可参考表 15。

表 15　膜清洗剂一般选择原则

污染物	清洗剂选择原则
钙垢	以各种酸，结合 EDTA 除去
金属氢氧化物	以草酸、柠檬酸、结合 EDTA 和表面活性剂处理
SiO_2 等胶体	在高 pH 值下，以 NH_4F 类结合 EDTA 及特种洗涤剂 STP 等洗涤
生物污染物	高 pH 值下以 EDTA 清洗，用 Cl_2、$NaHSO_3$、CH_2O、H_2O_2 或过氧乙酸短期冲洗
有机物	以专用试剂，结合表面活性剂处理
细菌	用 Cl_2 或甲醛水溶液冲洗

15.2.5 本条为强制性条文。提出了沼气处理和恶臭防治系统维护保养的一般规定。

1 定期巡检调节池、污泥脱水设施等主要恶臭产生源，确保除臭设施、设备正常运行；定期检查池体、沼气管道及阀门是否漏气；定期对沼气管道上的阻火阀进行清堵，定期排出沼气管道中的积水；定期检查电气、仪表、照明等电气设备，确保完好，防止电气短路产生火花引发爆炸事故；定期巡检渗沥液收集、处理区域通风防爆设施及有害气体监测仪，确保安全稳定运行。

2 当进入渗沥液收集、处理区域等密闭环境内检修维护前，必须在现场对有毒有害气体进行检测，不得在超标环境下操作。有毒有害气体检测应符合现行行业标准《城镇排水管道维护安全技术规程》CJJ 6 的有关规定。

3 进入渗沥液收集或处理区域等密闭环境内检修维护前，必须佩戴防毒劳动防护用具；必须具备自然通风或强制通风条件，直接操作者必须在可靠的监护下进行；必须履行审批手续，执行动火票制度；必须做好检测记录，履行签字手续。

16 安全、环境与职业健康

16.1 安 全 管 理

16.1.1 本条为强制性条文。焚烧厂必须建立健全安全生产责任制，强化和落实本单位安全生产主体责任，推进安全生产标准化建设。明确焚烧厂主要负责人对本单位安全生产工作全面负责，明确各岗位的责任人员、责任范围和考核标准等内容。

16.1.2 焚烧厂应当对全体职工（含临时工）进行安全生产教育和培训，使其具备必要的安全生产知识，熟悉有关安全生产的规章制度和操作规程，掌握本岗位的安全操作技能和事故应急处理措施，知晓自己在安全生产方面的权利和义务。

16.1.3 焚烧厂通过制定和执行安全生产规章制度（含操作规程）来落实安全生产标准化建设，定期对执行情况进行评估，建立安全生产长效机制。

16.1.4 焚烧厂应建立健全运行、维护事故隐患排查治理的长效机制，完善事故隐患分级管理制度，强化各岗位安全生产主体责任，加强事故隐患监督管理，防止和减少事故发生。

16.1.5 焚烧厂安全标志、安全工器具、安全设备设施和安全防护装置应按规定配备齐全。

16.1.6 本条要求焚烧厂应建立安全事故应急救援体系。编制综合应急预案、专项应急预案和现场处置预案。焚烧厂编制预案应符合下列规定：

　　1 应明确预案编制目的、编制依据、适用范围、风险分析、应急处置基本原则、预防与预警、应急响应、信息报告与信息发布、后期处置、应急保障培训和演练等内容。组织专家对本单位应急预案进行评审后公布并报备。组织应急演练。按照应急预案的要求配备相应的应急物资及装备，建立使用状况档案，定期检测和维护，使其处于良好状态。

    2 综合应急预案应从总体上阐述事故的应急工作原则，包括应急组织机构及职责、应急预案体系、事故风险描述、预警及信息报告、应急响应、保障措施、应急预案管理等内容。

    3 应根据本厂实际情况编制专项应急预案。

    1）专项应急预案原则上分为自然灾害、事故灾难、公共卫生事件和社会安全事件四大类；

    2）自然灾害类专项应急预案应包括防台风、防汛、防强对流天气应急预案、防雨雪冰冻大雾应急预案、防地震灾害应急预案、防地质灾害应急预案等；

    3）事故灾害类应急预案应包括人身事故应急预案、全厂停电应急预案、焚烧及电力设备事故应急预案、大型机械事故应急预案、特种设备事故应急预案、网络信息安全事故应急预案、火灾事故应急预案、环境污染事故应急预案等；

    4）公共卫生事件类应急预案应包括：传染病疫情事件应急预案、群体性不明原因疾病事件应急预案、食物中毒事件应急预案等；

    5）社会安全事件类应急预案主要有：群体性突发社会安全事件应急预案、突发新闻媒体事件应急预案。

    4 应根据本厂实际情况编制现场处置方案。现场处置方案应包括人身事故类、设备事故类、电力网络与信息系统安全类、火灾事故类和环境污染事故类等五大类。

    1）典型人身事故类现场处置方案应包括高处坠落伤亡事故、机械伤害伤亡事故、物体打击伤亡事故、火灾伤亡事故、灼烫伤亡事故、化学危险品及沼气中毒伤亡事故、有限空间中毒或爆炸等；

    2）典型设备事故类现场处置方案应包括锅炉大面积结焦、锅炉承压部件爆漏、汽轮机超速、轴系断裂、油系统火灾等、公用系统故障、厂用电中断事故、起重机械故障事故等；

    3）典型电力网络与信息系统安全类现场处置方案应包括电力二次系统安全防护故障、生产调度通信系统故障等；

    4）典型火灾事故类现场处置方案应包括变压器火灾事故、发电机火灾事故、锅炉燃油系统火灾事故、燃油罐区火灾事故、危险化学品仓库火灾事故、电缆火灾事故、中控室火灾事故、计算机房火灾事故等；

    5）典型环境污染事故类现场处置方案应包括化学危险品泄漏、脱酸系统异常、脱硝系统异常、活性炭输送系统异常、袋式除尘器异常、飞灰输送及处理系统异常、渗沥液处理系统异常、臭气外泄、噪声扰民等。

16.1.7 焚烧厂应建立健全安全生产事故处理机制，对生产经营活动中发生的造成人身伤亡或者直接经济损失的事故必须及时报告、调查处理。并采取有效措施，防止事故扩大，最大限度地减少事故损失。

16.1.8 重大危险源的辨识与评估、登记建档与备案、监控与管理是焚烧厂安全生产标准化的重要内容。焚烧厂重大危险源包含但不限于：焚烧炉及余热锅炉系统、汽轮机及其辅助系统、渗沥液收集及处理系统、电气及自动化系统、烟气净化系统和作业行为等。

16.1.9 焚烧厂特种设备管理工作应坚持"安全第一、预防为主、节能环保、综合治理"的原则。制定操作规程，建立特种设备台账，配合特种设备安全监督管理部门依法进行的特种设备安全监察，防止特种设备事故。应建立特种作业人员安全管理制度，规范特种作业人员的安全管理工作，提高特种作业人员的安全技术水平，防止和减少伤亡事故。特种作业人员应取得《中华人民共和国特种作业操作证》，熟知本岗位及工种的安全技术操作规程，严格按照相关规程进行操作。

16.1.10 焚烧厂消防管理应贯彻预防为主、防消结合的方针，焚烧厂消防系统运行、维护管理应符合下列规定：

    1 确定消防安全管理人，负责本厂消防安全管理工作。建立消防档案，定期组织消防安全培训、消防演练和防火检查，及时消除火灾隐患。

    2 应每两小时巡检消防泵、消防栓、消防管道及阀门、消防水池等，确保消防水泵出口压力、电流等参数正常，消防水池水位正常，室内消防栓给水系统、室外消防栓给水系统、垃圾池消防给水系统、消防泵联锁保护装置处于正常可用状态。

    3 应每两小时巡检垃圾池、渗沥液收集及处理区域、燃油储存及输送区域、焚烧炉液压站、汽轮机油系统、中控室及垃圾吊操作室、变压器等电子间、电缆夹层及通道、活性炭仓、飞灰仓、档案室、易燃易爆物品存放场所等消防安全重点区域，确保消防安全标志齐全，疏散通道、安全出口、消防车通道畅通，防火防烟分区、防火间距符合消防技术标准。

    4 应每两小时巡检消防报警装置和中控室消防监控系统，确保其正常可用。对建筑消防设施每年至少进行一次全面检测，确保其完好有效，检测记录应完整准确，存档备查。

16.1.11 安全阀是特种设备（锅炉、压力容器、压力管道等）上的一种限压、泄压，起安全保护作用的重要附件。安全阀一般直接安装在特种设备上的，其设计、制造、安装、使用、检验等都要符合特种设备相关规定的要求。

16.1.12 地基属于隐蔽工程，发现问题采取补救措施都很困难，应给予足够的重视。主要应从以下几方面做好养护工作：坚决杜绝不合理荷载的产生；防止地基浸水；保证勒脚完好无损；防止地基冻害等。

16.1.13、16.1.14 规定了全厂主要道路、重要护坡、山岩及河床点应设置巡检标志点和观测点并加以保护。观测点的位置和数量，应根据基础的构造、荷载以及工程地质和水文地质的情况而定。工业厂房的观测点可布置在基础、柱子、承重墙及厂房转角处，观测点的密度视厂房结构及地基土质情况而定。烟囱、水塔、油罐等圆形构筑物，则应在其基础的对称轴线上布设观测点。总之，观测点应设置在能表示出沉降特征的地点。

对观测点的要求如下：观测点本身应牢固稳定，确保点位安全，能长期保存；观测点的上部必须为突出的半球形状或有明显的突出之处，与柱身或墙身保持一定的距离；要保证在点上能垂直置尺和良好的通视条件。

16.1.15 本条是对汛期巡检的一般规定。

16.1.16 本条是对建、构筑物荷载的规定。根据现行国家标准《小型火力发电厂设计规范》GB 50049 规定，结构构件根据承载能力极限状态及正常使用状态的要求，应按使用工况满足承载能力、稳定、变形、抗裂、抗震等要求。荷载应按照现行国家标准《建筑结构荷载规范》GB 50009 的规定选用。

16.2 环境保护一般规定

16.2.1 焚烧厂应严格执行有关环保法律和法规，保障无害化焚烧处理生活垃圾，避免二次环境污染。

16.2.2 焚烧厂的环保设施应与主体生产设施同时运行和维护。

16.2.3 焚烧厂是环境污染隐患排查、整改、监控和上报的责任主体，负责焚烧厂事故隐患排查、整改、监控和上报工作。

16.2.4 建立突发环境事件应急预案，在可能或者已经发生污染事故或其他突发性环境事件时，焚烧厂应当立即采取应急措施，防止事故发生或控制污染扩散，最大限度地减少事故影响。

16.2.5 为了确保生活垃圾焚烧处理污染物达标排放，避免二次环境污染，焚烧厂应建立厂内各项污染物排放监测管理体系，严格执行现行国家标准《生活垃圾焚烧污染控制标准》GB 18485，按照要求安装并投入使用各种监测设备，保证监测设备正常运行。焚烧厂主要监测内容包括烟气、恶臭、渗沥液和车辆清洗水、焚烧飞灰及噪声等。

16.2.6 本条对焚烧厂厂区环境、标识标志、厂前区域景观的维护作出了原则要求。

16.3 环境保护厂级监督

16.3.1 本条明确了焚烧厂应执行本厂重点污染物排放总量控制指标。

16.3.2 本条明确了焚烧厂应接受社会监督，公开主要污染物排放情况。

16.3.3 焚烧厂宜设置专门的环保部门，负责厂级环保监督和监测工作，制定本厂环境保护制度，配合政府环保部门进行监测管理。环保专工宜间隔 8h 巡查全厂环境保护设施和设备，并做好巡查记录。

16.3.4～16.3.8 对焚烧厂烟气、恶臭、污水等污染物排放的监测管理作出了具体规定。

16.4 职 业 健 康

16.4.1 焚烧厂是职业危害防治的责任主体，其主要负责人对本厂的职业病防治工作全面负责。

16.4.2 焚烧厂应进行运行、维护职业危害因素识别，制定并实施职业危害控制措施。职业危害因素识别宜按粉尘、化学因素、物理因素三类进行。焚烧厂职业危害因素主要有：①活性炭粉尘、石灰石粉尘、焚烧飞灰等粉尘类；②铅及其化合物、汞及其化合物、二氧化硫、氨、氮氧化合物、一氧化碳、硫化氢、碳酸钙、氧化钙、柴油、氯化氢及盐酸、二噁英等化学因素类；③噪声、高温、低温、振动等物理因素类。

16.4.3 焚烧厂应实施职业危害告知制度，在与职工签订合同时，应如实告知并写明在工作过程中可能产生的职业危害及其后果、职业危害防护措施和待遇等。在作业现场醒目位置应设置公告栏，公布有关职业危害防治的规章制度、操作规程、应急处置措施和作业场所职业危害因素监测结果。并如实告知职工职业健康检查结果。

16.4.4 本条明确了焚烧厂应建立职业危害申报制度。如实将本厂的职业危害因素向安全生产监督管理部门申报，并接受安全生产监督管理部门的监督检查。

16.4.5 焚烧厂应定期组织职业健康教育和培训。督促职工遵守职业病防治操作规程，指导职工正确使用职业病防护设备和用品。

16.4.6 焚烧厂应当为职工创造符合国家职业卫生标准的工作环境和条件，并采取措施保障劳动者获得职业卫生保护，加强职业危害防护设施维护保养。

16.4.7 本条明确了焚烧厂应加强对运行、维护现场职业危害因素识别，采取措施减少职业危害产生。

16.4.8 焚烧厂应组织职工定期进行职业健康体检，避免或减少职业病发生。

16.4.9 本条明确了灭虫消杀制度和公共卫生事件防疫制度的要求。

统一书号：15112·30173

定　价：**43.00** 元

UDC

P

中华人民共和国行业标准

CJJ

CJJ 128−2017
备案号 J 854−2017

生活垃圾焚烧厂运行维护与安全技术标准

Technical standard for operation maintenance and safety
of municipal solid waste incineration plants

2017−08−23　发布　　　　2018−02−01　实施

中华人民共和国住房和城乡建设部　　　发布